U0230450

高分辨率视频卫星标准产品
分级体系

张　过　蒋永华　汪韬阳
李立涛　吴佳奇　卜丽静　著

科学出版社

北京

内 容 简 介

本书主要介绍国内外高分辨率视频卫星的发展现状以及相应的产品标准化现状。针对星载光学视频传感器的特点,结合国内外标准产品分级的优缺点,提出一套适用于高分辨率光学视频卫星的标准产品分级体系,包括传感器校正帧序列产品、传感器校正视频产品、超分辨率重建产品、动态变化检测产品和三维重建产品等。在此基础上,详细叙述各级产品的制作流程,并针对分级体系方案,利用 Skysat、吉林一号视频卫星数据进行验证。为便于科研和生产人员实现本书提出的分级方案,书中还介绍了星载视频产品制作所涉及的关键算法。

本书可供测绘、国土、航天、规划、农业、林业、资源环境、遥感、地理信息系统等空间地理信息相关行业的生产技术人员和科研工作者参考。

图书在版编目(CIP)数据

高分辨率视频卫星标准产品分级体系/张过等著.—北京:科学出版社,2017.2
ISBN 978-7-03-051817-0

Ⅰ.①高⋯　Ⅱ.①张⋯　Ⅲ.①高分辨率—视频—卫星—分级—产品标准—研究　Ⅳ.①V474.2

中国版本图书馆 CIP 数据核字(2017)第 033154 号

责任编辑:杨光华 / 责任校对:董艳辉
责任印制:彭　超 / 封面设计:苏　波

科 学 出 版 社 出版
北京东黄城根北街 16 号
邮政编码:100717
http://www.sciencep.com

武汉中远印务有限公司印刷
科学出版社发行　各地新华书店经销
*

开本:787×1092　1/16
2017 年 2 月第　一　版　印张:8 1/2
2017 年 2 月第一次印刷　字数:140 000

定价:88.00 元
(如有印装质量问题,我社负责调换)

前　言

2013 年，美国 Skybox Imaging 公司发射了 Skysat-1，并于 2014 年发射了 Skysat-2。加拿大 UrtheCast 公司将视频相机安置在国际空间站上。视频卫星可实现对地球表面的秒级连续监测。为了适应不同用户遥感影像处理能力及对定位精度要求的差异，影像供应商会制作不同处理级别的影像，以供用户选择。由于卫星设计的差异以及处理方案的不同，各个卫星公司的影像产品分级方式差异很大，处理精度各不相同。

本书从星载视频传感器特点出发，分析了各种高分辨率卫星视频影像产品分级方案的优缺点，基于高分辨率视频卫星影像的特点，针对不同的几何处理级别，提出了一套影像产品的分级方案。本书提出的高分辨率卫星视频产品分级方案，可为我国自主研制发射的高分辨率视频影像分级方案提供借鉴。

全书共 6 章：第 1 章介绍国内外高分辨率光学视频卫星的发展现状及趋势，介绍常见的国内外高分辨率卫星传感器及其特点；第 2 章介绍高分辨率光学视频卫星影像产品标准化现状以及相应的优缺点；第 3 章提出高分辨率光学视频卫星标准产品分级，给出各个产品的定义；第 4 章给出各个产品的制作流程；第 5 章利用 Skysat 和吉林一号视频卫星数据对本书提出的分级方案进行验证，结果表明本书提出的方案是一种可行、通用的方案；第 6 章介绍星载视频产品制作所涉及的关键算法，用于进一步补充第 4 章中所用到的技术。

本书的编写感谢 Skybox Imaging、UrtheCast 和长光卫星技术有限公司提供的相关卫星参数及卫星视频数据支持。

本书的分工为：张过负责本书总体内容框架以及视频产品分级体系的制定，同时负责编写第 1～3 章；在第 4～6 章中，蒋永华负责传感器校正、仿真及稳像内容，汪韬阳负责三维重建内容，李立涛负责辐射校正内容，吴佳奇负责运动检测和跟踪内容，卜丽静负责超分重建相关内容。

由于作者水平有限，书中难免存在许多不足，敬请各位同人批评、指正！

作　者
2016 年 9 月于武汉

目　　录

第 1 章

高分辨率视频卫星发展现状及趋势

经过 30 多年的发展,我国航天技术取得了巨大进步,已形成资源、气象、海洋、环境、国防系列等构成的对地观测遥感卫星体系。特别是在"高分辨率对地观测系统"国家科技重大专项建设的推动下,通过在平台传感器研制、多星组网、地面数据处理等方面的创新,我国遥感卫星的空间分辨率、时间分辨率、数据质量大幅提升,为我国现代农业、防灾减灾、资源环境、公共安全等重要领域提供了信息服务和决策支持。随着遥感应用的深入,应用需求已从定期的静态普查向实时动态监测方向发展,利用卫星对全球热点区域和目标进行持续监测,获取动态信息已经成为迫切需求。

由于视频卫星可获得一定时间范围内目标的时序影像,具备了对运动目标的持续监视能力,视频卫星成像技术已成为遥感卫星发展的一大热点。

1.1 国外高分辨率视频卫星发展现状

美国 Skybox Imaging 公司(2016 年 3 月更名为 Terra Bella)于 2013 年发射的米级分辨率视频卫星 Skysat-1,是全球首颗能够拍摄全色高清视频的卫星。之后该公司于 2014 年又发射了 Skysat-2,并计划建成由 24 颗小卫星组成的 Skysat 卫星星座。加拿大的 UrtheCast 公司,将视频相机安置在国际空间站上,可提供近实时的全彩色高清视频,实现了对地球表面的高动态监测,在环境监测、人道主义救助、社会活动以及农业土地等领域开展了业务。

1. Skysat 系列

2013 年 11 月 21 日,Skybox Imaging 公司发射了全球首颗能够拍摄高清卫星视频的小卫星 Skysat-1,卫星运行的太阳同步轨道高度为 578 km,标志着遥感 2.0 时代的到来;该公司于 2014 年 7 月 8 日发射了第二颗 Skysat-2,卫星运行的太阳同步轨道高度为 637 km。Skysat 是首个采用面阵传感器的米级分辨率对地观测卫星,重 120 kg 左右,体积为 60 cm×60 cm×95 cm。装备安置了 Ritchey-Chretien Cassegrain 望远镜,反光镜由碳化硅材料制造,焦距为 3.6 m,其焦面由三个低噪声、高频率的 5.5 megapixels CMOS(complementary metal-oxide semiconductor)图像探测器组成,呈品字形排列,如图 1.1 所示。每个 CMOS 的上半部分(PAN)用来拍摄全色视频,三个 CMOS 拼接影像尺寸可达到 2 560×2 160 像素(每个像素的物理尺寸为 6.5 μm),影像覆盖范围约为 2 km×2 km,采用 JPEG 2000 格式进行压缩并下传,下传率为 450 Mbit/s。同时采用数字 TDI(digital time delay inteyral,Digital TDI)技术进行地面图像处理,生成的标准视频产品影像分辨率达 1.1 m,每一帧大小尺寸为 1 920×1 080 像素,视频帧率为 30 帧/s,持续时间为 90 s。图 1.2 为 Skysat 拍摄的迪拜哈里法塔视频的其中一帧影像,能够清晰地看到天空中的飞机和地面行驶的汽车。

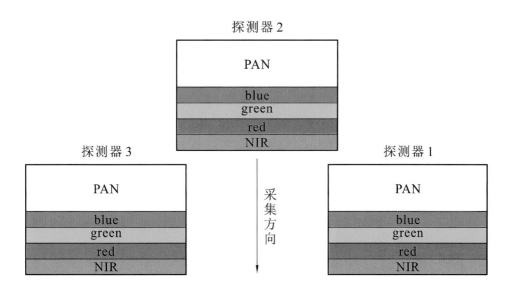

图 1.1　Skysat 焦面 CMOS 排列及结构

图 1.2　Skysat 哈里法塔单帧影像

2. UrtheCast

总部位于加拿大温哥华的 UrtheCast 公司,具有国际化的协作背景,它由英国、加拿大、俄罗斯三个参与了国际空间站建设的国家共同投资创设。2013 年底和 2014 年初,UrtheCast 将两台地球成像相机安置在国际空间站舱外的敏捷指向平台上,国际空间站运行在距离地球表面 300 多千米的轨道上,每天绕地球 16 圈,速度是 26 000 km/h。安置的两台摄像机分别是一架名为 Iris 的高解析度照相机(分辨率为 1.1 m)以及一台名为 Theia 的中等解析度相机(分辨率为 5.5m),其中 Iris 可以拍摄并生产时长 60s 的高清全彩色视频,载荷具体参数如表 1.1 所示。UrtheCast 视频产品参数如表 1.2 所示,Iris 所拍摄的伦敦一帧影像如图 1.3 所示。

表 1.1　Iris 相机参数

参数项	指标及内容
平台	双轴指向
传感器类型	CMOS
孔径/mm	317.5
焦距/mm	2.54
光谱带	RGB(贝尔彩色滤光阵列)
帧率/(帧/s)	3

表 1.2　UrtheCast 视频产品参数

参数项	指标及内容
持续时间/s	60
入射角/(°)	<40
帧率/(帧/s)	30
帧尺寸/像素	4 096×2 160(超高清)
	1 920×1 080(高清)
分辨率/m	1
覆盖范围	约 4.1 km×2.2 km(超高清)
	约 1.9 km×1.1 km(高清)
视频文件格式	H264(MPEG-4)

图 1.3　Iris 相机拍摄的伦敦视频一帧影像

3. 美国 MOIRE 项目

MOIRE 项目由美国鲍尔宇航技术公司为主承包商,负责光学系统设计、地面原理样机研制和测试,美国 NeXolve 材料公司负责衍射薄膜研制,美国劳伦斯-利弗摩尔国家实验室(Lawrence Livermore National Laboratory,LLNL)负责衍射镜研制。2014 年 5 月,鲍尔宇航技术公司完成了两块分块镜和其衍射薄膜镜片支撑结果与展开链接结果的热真空测试工作,标志项目合同的完成。其业务型的实用系统由美国国家侦查局开发,整个业务成本 5 亿美元,光学系统采用菲涅尔波带片或者光子筛形式的主镜,口径达 20 m,发射时处于折叠状态,入轨后展开。系统可在静止轨道实现 1 m 高分辨率,视场为 10 km×10 km,成像帧率为 1 帧/s,实现对敌方军事目标的连续监视,将大幅提升对动态目标的监视能力。

4. GO-3S 卫星

GO-3S 卫星系欧洲静止轨道空间监视系统卫星,分辨率为 3 m,幅宽为

100 km,5 帧/s 的视频拍摄能力,设计装配 4 m 口径光学成像系统,整个卫星质量约 8 t。GO-3S 卫星共有三个视频工作模式,分别为快速连拍模式、持续视频模式和时延视频模式。阿斯特里姆公司正在寻求外部资金以启动项目,该公司已经向研发工作投资。投资于项目的国家将获得卫星的部分能力,还将获得卫星服务收益。目前该项目已经引起新加坡等国的兴趣,阿斯特里姆公司可能与新加坡进行技术合作和商业合作。阿斯特里姆公司 2012 年底完成了项目可行性分析,研发工作将在 2013~2015 年进行,计划 2016 年开始制造卫星,2020 年正式运行卫星。

5. 印度尼西亚 LAPAN 卫星

印度尼西亚 LAPAN-TUBSAT 卫星质量为 56 kg,采用太阳同步轨道,高度 635 km。其有效载荷包括 1 台高分辨率摄像机和 1 台低分辨率摄像机。高分辨率摄像机主要由索尼公司的高清晰度 DXC-990P 型民用摄像机和尼康公司制造的 1 m 焦距、f/11 相对孔径的折射望远镜组成,空间分辨率为 6 m,幅宽为 3.5 km。DXC-990P 由 3 个 CCD 组成,每个 CCD 像素数为 752×582,像素尺寸为 7 μm。

印度尼西亚 LAPAN-A2 卫星平台尺寸 47 cm×50 cm×36 cm,在俯仰和滚动向可侧摆正负 30°,发射质量 76 kg。卫星携带 4 个有效载荷,其中的视频相机与 LAPAN-TUBSAT 相同,还包括试验型空间数字相机、船舶自动识别系统和无线电通信载荷。

6. 南非"先锋卫星"

"先锋卫星"有个特殊工作模式,称为 Viewfinder 取景器模式,当卫星地面站可以访问卫星时,操作人员通过 Viewfinder 系统先发现感兴趣区域,然后通过姿态调整,同时调整成像仪对目标区域成像,该系统还可用于人工云判。Viewfinder 系统包括 1 台宽视场视频相机,幅宽为 120 km;1 台窄视场视频相机,分辨率为 5~10 m,幅宽为 3~6 km。该卫星具有 4 级前向运动补充机构,使得卫星对目标的扫描速度比卫星轨道速度慢 4 倍,在对目标进行连续观测的同时可以获得足够的光量,保证成像质量。

7. 美国 VIC 型小卫星

VIC 型小卫星空间分辨率优于 1 m,地面幅宽为 10 km,帧率高达 100 帧/s。该卫星基于 SSTL-X50 卫星平台研制,同时具有星上大数据存储能力。

1.2　国内高分辨率视频卫星发展现状

2015 年 10 月初,长光卫星技术有限公司通过搭载方式发射两颗高分辨率视频卫星——吉林一号视频卫星(1 星、2 星),是国内首个能够拍摄全彩色高清视频的卫星,其分辨率、幅宽、稳定性等主要技术指标均达到较高水准,同时具有敏捷快速机动能力,一段时间内对目标进行实时动态的监测,可根据情况迅速调整观测区域和重点。视频 1 星、2 星的轨道高度为656 km,相机焦面采用大面阵 CMOS 传感器,影像尺寸可达 4 093×3 072 像素,幅宽为 4.33 km×2.44 km,分辨率为 1.1 m。采用 Bayer 模板的成像方式,视频压缩算法采用 JPEG 2000,压缩比达 30~100 倍;拍摄帧率为 25 帧/s。该卫星具体参数如表 1.3 所示。

表 1.3　吉林一号视频星参数

参数项	指标及内容
轨道类型	太阳同步轨道
视频格式	MP4(FLV)
最大姿态机动角速度/(°/s)	2
机动平稳度/(°/s)	0.005
机动指向精度/(°)	0.1
卫星总质量/kg	<95
测控	USB,上传 2000 bit/s,下载 4096 bit/s
数传	X 波段,100 Mbit/s

吉林一号视频卫星拍摄的墨西哥杜兰戈区域的视频一帧影像如图 1.4所示。

图 1.4　吉林一号拍摄杜兰戈视频一帧影像

1.3　高分辨率视频卫星发展趋势

视频卫星可通过一定时间范围内对目标的凝视成像形成视频,实现对热点区域和目标的动态实时监测。2013 年第一颗米级视频卫星发射以来,视频卫星迎来了爆发式发展时期,视频卫星成为遥感卫星发展的一大热点。

视频卫星为目标动态监测提供了技术手段和数据源,是实现静态遥感到动态遥感跨越的重要标志,视频卫星将成为未来一段时间内遥感卫星发展的热点;与传统地面视频相比,卫星视频幅宽大、分辨率低、对比度低,且存在帧间几何辐射差异,给卫星数据处理带来了诸多挑战,亟须深入开展卫星视频处理与应用技术研究,拓展卫星视频的应用领域;随着卫星视频应用的深入,低轨卫星类视频、高轨卫星类视频、SAR 视频等新型视频成像技术将成为视频卫星发展的新方向,丰富高分辨率卫星动态监测手段。

第 2 章

高分辨率视频卫星
产品标准化现状

目前,为了卫星产品的商业化运作,各个卫星运营商定制了独立的卫星影像产品分级,用户可以根据不同需求,选择所需的不同级别产品,但各种卫星影像产品的分级标准并不一样。本章概述 Skysat、UrtheCast 和吉林一号视频卫星的产品分级体系,并分析每类产品分级体系的特点。

2.1 Skysat 产品分级体系

Skysat 的产品分级是按照视频产品生产工序来定级(Skybox,2014),如表 2.1 所示。该分级体系的优点是分级简单,统一管理,将预处理部分整合在一起,能直接凸显出最终的标准视频产品;元视频产品中附带的 RPC (rational polynomial camera,有理多项式函数)模型文件和元数据便于用户灵活使用,支持后续高级精处理。缺点是不能很好地描述数据处理的过程,且稳像视频产品不包含每一帧影像及对应 RPC 模型文件,只有元数据文件,后续高级处理和用户应用有限。

表 2.1 Skysat 产品分级

级别	英文名称	描 述
元视频	Raw Video	针对地面固定目标拍摄的全色高清视频产品,帧率为 30 帧/s,内容包括元视频、元视频每一帧(附带 RPC 模型文件)、拇指图和元数据文件等。
稳像视频 (标准视频)	Stabilized Video	经过辐射、几何、平差和定向处理后的标准视频产品。内容包括标准视频、拇指图和元数据文件

2.2 UrtheCast 产品分级体系

UrtheCast 的产品分级同样是按照视频产品生产工序来定级,如表 2.2 所示。优点是将每一关键处理步骤很好地描述出来,生产工序开放,用户选择余地较大。缺点是产品的分级不够严密,没有考虑产品的使用性,辐射处理只作为关键的一个步骤,一般不能作为产品直接使用;几何处理分级过细,没有很好的整体性,产生冗余且没有后续高级产品分级,而 1 级产品 RPC 模型文件精度不够高,有 1~2 个像素误差。

表 2.2　UrtheCast 产品分级

级别	英文名称	描　述
0 级产品	Level 0	卫星下传的原始码流视频数据,经解密解压缩等步骤得到的数据
1 级产品	Level 1	经过辐射处理后的产品
1A 级产品	Level 1A	相机几何模型的构建,补偿系统误差:相机内几何、平台振动(姿态、轨道)、大气折射和地球自转,同时包括多个坐标系对准和转换
1B 级产品	Level 1B	作区域网平差处理,包括星历、姿态平差、带控平差、视频指向和帧间对准等
2 级产品	Level 2	生产标准全彩色视频产品,正射纠正产品

2.3　吉林一号视频卫星产品分级体系

吉林一号视频卫星的产品分级按照视频产品的生产工序来定级,如表 2.3 所示。优点是能够很好地描述每一关键步骤的处理流程,能凸显生产的标准视频产品,每一帧附带 RPC 模型参数文件,便于后续精化处理;同时,提供高级产品,更满足用户的特别高级需求。

表 2.3　吉林一号视频卫星产品分级

级别	英文名称	描　述
0 级产品	Level 0	卫星下传的原始码流视频数据,经解密解压缩等步骤得到的数据
1A 级产品	Level 1A	经过辐射和几何处理,建立几何定位模型,生成 RPC 文件
1B 级产品	Level 1B	利用几何模型作稳像处理,包含平差、配准和重采样等,生产标准视频产品和帧序列影像,每一帧附带 RPC 模型文件
2A 级产品	Level 2A	运动目标检测跟踪产品,包括每一帧的运动目标检测结果图和目标信息
2C 级产品	Level 2C	超分辨率重建产品

第 3 章

高分辨率视频卫星产品分级概述

视频卫星影像产品根据处理级别分为 0 级数据、传感器校正帧序列产品、传感器校正视频产品、动态变化检测产品、超分辨率重建产品和三维重建产品。

3.1　0 级 数 据

0 级数据指地面接收站接收的卫星下行压缩图像码流数据后,经过帧同步、解扰、解密、解压缩、子块拼接后得到的数据。

3.2　传感器校正帧序列产品

传感器校正帧序列产品指 0 级数据经辐射校正、传感器校正的产品。该产品为帧序列图像数据,每帧均附带 RPC 模型参数文件。

3.3　传感器校正视频产品

传感器校正视频产品指传感器校正帧序列产品数据经过稳像后建立的视频影像产品。该产品每帧均附带 RPC 模型参数文件。

3.4　超分辨率重建产品

超分辨率重建产品指基于传感器校正视频产品的运动序列影像,利用超分辨率重建技术生成的高质量、高分辨率序列影像。该产品附带 RPC 模型参数文件。

3.5　动态变化检测产品

动态变化检测产品指利用传感器校正视频产品进行运动目标检测、跟踪和运动状态信息记录的视频影像产品。

3.6　三维重建产品

三维重建产品指在传感器校正帧序列产品的基础上制作的 DEM 与 DOM 产品以及矢量模型产品。

各种视频影像产品的基本情况见表 3.1。

表 3.1　各级视频影像产品基本情况

产品分级	说明	英文简称
0 级数据	指地面接收站接收的卫星下行压缩图像码流数据后，经过帧同步、解扰、解密、解压缩、子块拼接后得到的数据	RAW
传感器校正帧序列产品	指 0 级数据经辐射校正、传感器校正的产品	SC
传感器校正视频产品	指传感器校正帧序列产品数据经过稳像后建立的视频影像产品，该产品每帧均附带 RPC 模型参数文件	SCA
动态变化监测产品	利用传感器校正视频产品对动目标进行检测并追踪和记录其运动状态的视频影像产品	DCDP
超分辨率重建产品	是利用传感器校正视频产品的运动序列影像，生成的高质量、高分辨率序列影像，该产品附带 RPC 模型参数文件	SRM
三维重建产品	在传感器校正帧序列产品基础上，制作的 DEM 与 DOM 产品以及矢量模型产品	TRM

第 **4** 章

高分辨率视频卫星 标准产品制作

在第 3 章星载光学视频卫星产品分级体系的基础上,概述传感器校正帧序列产品、传感器校正视频产品、超分辨率重建产品、动态变化检测产品和三维重建产品的高分辨率视频卫星标准产品的制作流程。

4.1 传感器校正帧序列产品

4.1.1 定义

传感器校正帧序列产品数据指经过辐射校正、传感器校正制作的视频单帧影像产品,该单帧产品内容包括单帧产品影像文件、RPC 模型参数文件、单帧元数据文件、单帧影像浏览图文件、单帧影像拇指图文件、单帧影像 ReadMe 文件。

4.1.2 产品制作流程

1. 辐射校正

辐射校正处理主要包括增益校正、偏置校正、异常探元校正、噪声去除以及色彩校正处理,其中色彩校正处理根据不同视频卫星载荷特性可选择性处理。其整个处理流程如图 4.1 所示。

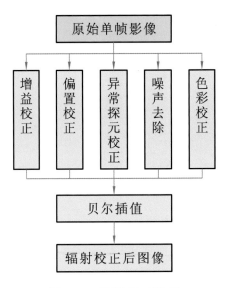

图 4.1 辐射校正流程

（1）增益校正处理对视频面阵传感器各个探元的非均匀性进行校正，去除每个探元间响应的不一致性问题。

（2）偏置校正去除视频面阵传感器本底噪声，消除传感器探元的暗电流噪声。

（3）异常探元校正处理指对卫星传感器响应状态随时间发生变化导致某个或某些存在响应异常的探元的校正处理。这些异常探元可以分为三类：坏探元、热探元、死探元（Smiley and Shearn，2015）。

① 坏探元（异常探元）：此种探元的灰度响应一般不为 0，其灰度值相比其他响应较低；

② 热探元：指对探元响应度过高，无论卫星传感器入瞳辐亮度多大，其响应值总是过高的；

③ 死探元：对卫星传感器入瞳辐射亮度无响应的探元，其灰度值极低。

（4）噪声去除主要对传感器成像过程产生的一系列随机噪声进行去除。

（5）色彩校正处理针对视频传感器因波段光谱范围设置不合理而引起的图像色偏问题进行的真彩色校正处理。

2. 传感器校正

传感器校正处理流程如图 4.2 所示，说明如下：

（1）获取卫星成像的几何参数和几何定标参数，其中几何参数包括卫星轨道、卫星姿态、帧序列曝光时间，几何定标参数则包括在轨定标获取的相机安装矩阵、相机畸变参数；

（2）利用（1）中的成像几何参数和几何定标参数，建立真实面阵的严密几何成像模型；

（3）利用（1）中成像几何参数和几何定标参数，根据虚拟面阵定义，建立虚拟面阵的严密几何成像模型（详见 6.2 节）；

（4）对于虚拟重成像影像上的任一像素，利用（3）中建立的虚拟面阵严密成像几何模型及某一高程参考面（SRTM-DEM 或平均高程），将其投影到地面坐标，将利用（2）中建立的真实面阵成像几何模型投影到真实影像的像素位置；

（5）利用双线性内插即可得到对应的灰度值；

（6）重复以上步骤直到生成整幅影像。

19

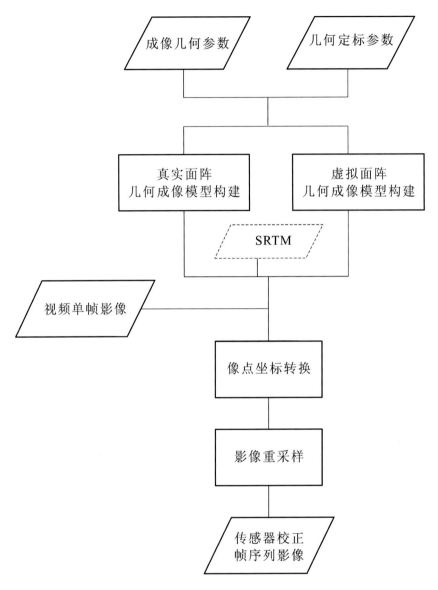

图 4.2　传感器校正流程

3. RPC 模型参数制作流程

传感器校正产品 RPC 参数计算的方式是利用地形无关的方式,在像方布设相应的控制格网并在高程上建立高程分层,利用其虚拟面阵的严密成像几何模型,求解出对应的地面点坐标,建立空间控制格网,然后利用最小二乘法求解传感器校正产品的 RPC 模型参数(张过,2005)。

4.1.3　元数据内容

传感器校正帧序列产品元数据内容按照其逻辑结构划分为产品文件组成、帧基本信息、产品处理信息三个子集,每个子集部分分别采用 XML 文档的树形结构表示。

产品文件组成信息的 XML 文档根元素的标记为 productComponents,具体内容见表 4.1。

表 4.1　传感器校正帧序列产品文件组成信息

序号	元数据项	数据类型	值域	XML 标记	备注
1	文件类型标识	String	Metadata imageData rpcFile browseImage thumbImage browseVideo thumbVideo geoRangeFile	\<FileType\> \</FileType\>	记录文件类型: Metadata——元数据文件 imageData——影像数据文件 rpcFile——RPC 文件 browseImage——浏览图文件 thumbImage——拇指图文件 browseVideo——浏览图视频 thumbVideo——拇指图视频 geoRangeFile——产品范围 Shape File 文件
2	文件名	String		\<Filename\> \</Filename\>	列出该文件的名称
3	文件格式	String	MP4、AVI、GTIF、TIF、 IMG、TXT、JPEG、RPC	\<FileFormat\> \</FileFormat\>	列出该文件格式类型
4	文件格式版本	String		\<FormatVer\> \</FormatVer\>	列出该文件格式版本号

产品基本信息的 XML 文档根元素的标记为 frameProductInfo,具体内容见表 4.2。

表 4.2 传感器校正帧序列产品帧基本信息

序号	元数据项	数据类型	值域	XML 标记	备注
1	产品级别	String	SC	\<ProductLevel\> \</ProductLevel\>	
2	卫星标识	String		\<SatelliteID\> \</SatelliteID\>	
3	接收站标识	String		\<ReceiveStation\> \</ReceiveStation\>	
4	传感器	String	PAN、MSS、CMOS	\<Sensor\>\</Sensor\>	传感器类型
5	时间类型	String	BJT	\<DefaultTimeType\> \</DefaultTimeType\>	BJT-北京时间
6	数据接收时间	String	yyyy-MM-ddhh： mm：ss.sss	\<ReceiveTime\> \</ReceiveTime\>	(.sss)可选
7	帧获取时间	String	yyyy-MM-ddhh： mm：ss.sss	\<FrameFrameAcquisitionTime\> \</FrameAcquisitionTime\>	
8	轨道圈号	Uint		\<OrbitID\> \</OrbitID\>	卫星拍摄轨道圈号
9	产品 ID	String		\<ProductID\> \</ProductID\>	
10	帧 ID	String		\<FrameID\> \</FrameID\>	帧 ID
11	帧索引	Uint	1~9999	\<FrameIndex\> \</FrameIndex\>	帧索引号,对应为视频的第多少帧,从1开始
12	轨道数据类型	String	GPS,DGPS	\<OrbitType\> \</OrbitType\>	GPS-星上轨道数据 DGPS-精密定轨数据

续表

序号	元数据项	数据类型	值域	XML 标记	备注
13	姿态数据类型	String	STAR STAR-Precise	＜AttitudeType＞ ＜/AttitudeType＞	STAR-星上姿态数据 STAR-Precise-精密定姿数据
14	太阳高度角	Double	0～90	＜SolarElevation＞ ＜/SolarElevation＞	描述成像时刻的太阳高度角,太阳与星下点的连线在星下点切平面上的投影与当地子午线之间的夹角,单位为度(°)
15	太阳方位角	Double	0～360	＜SolarAzimuth＞ ＜/SolarAzimut＞	描述成像时刻的太阳方位角,太阳光线在星下点切平面上的投影与星下点子午线的夹角,单位为度(°)
16	卫星方位角	Double	0～360	＜SatelliteAzimuth＞ ＜/SatelliteAzimuth＞	描述成像时刻卫星星下点的卫星方位角,卫星与星下点的连线在星下点切平面上的投影与当地子午线之间的夹角,单位为度(°)
17	卫星高度角	Double	0～90	＜SatelliteElevation＞ ＜/SatelliteElevation＞	描述成像时刻微型星下点的卫星高度角,卫星与星下点连线与星下点切平面的夹角,单位为度(°)
18	卫星平台侧摆角	Double		＜SwingSatelliteAngle＞ ＜/SwingSatelliteAngle＞	单位为度(°),沿着卫星飞行方向,顺时针侧摆角度为正数

续表

序号	元数据项	数据类型	值域	XML 标记	备注
19	卫星平台横滚角	Double		\<RollSatellitengAngle\> \</RollSatelliteAngle\>	单位为度(°)
20	卫星平台俯仰角	Double		\<PitchSatelliteAngle\> \</PitchSatelliteAngle\>	单位为度(°)
21	卫星平台偏航角	Double		\<YawSatelliteAngle\> \</\<YawSatelliteAngle\>\>	单位为度(°)
22	曝光时间	String		\<ExposureTime\> \</ExposureTime\>	相机曝光时间单位为秒(s)
23	产品行数	Uint		\<HeightInPixels\> \</HeightInPixels\>	
24	产品列数	Uint		\<WidthInPixels\> \</WidthInPixels\>	
25	产品列分辨率	Double		\<ImageColumnGSD\> \</ImageColumnGSD\>	单位为米/像素(m/pixel)
26	产品行分辨率	Double		\<ImageRowGSD\> \</ImageRowGSD\>	单位为米/像素(m/pixel)
27	云量	Double	0~100	\<CloudPercent\> \</CloudPercent\>	单位为百分号(%)
28	质量评价结果	String		\<ProductQuality\> \</ProductQuality\>	
29	数据位数	String		\<Databits\> \</Databits\>	
30	产品波段配置	String	PAN、BGR、 GRN、BGRN	\<FUSMethod\> \</FUSMethod\>	PAN，全色；BGR，真彩；GRN，伪彩；BGRN，全波段

续表

序号	元数据项	数据类型	值域	XML 标记	备注
31	产品中心点对应地理经度	Double	数值(−180,180)	<CenterLongtitude></CenterLongtitude>	单位为度(°),保留小数点后 6 位数字
32	产品中心点对应地理纬度	Double	数值(−90,90)	<CenterLatitude></CenterLatitude>	单位为度(°),保留小数点后 6 位数字
33	产品左上角点对应地理经度	Double	数值(−180,180)	<UpperLeftLongtitude></UpperLefLongtitude>	单位为度(°),保留小数点后 6 位数字
34	产品左上角点对应地理纬度	Double	数值(−90,90)	<UpperLeftLatitude></UpperLeftLatitude>	单位为度(°),保留小数点后 6 位数字
35	产品右上角点对应地理经度	Double	数值(−180,180)	<UpperRightLongtitude></UpperRightLongtitude>	单位为度(°),保留小数点后 6 位数字
36	产品右上角点对应地理纬度	Double	数值(−90,90)	<UpperRightLatitude></UpperRightLatitude>	单位为度(°),保留小数点后 6 位数字
37	产品右下角点对应地理经度	Double	数值(−180,180)	<LowerRightLongtitude></LowerRightLongtitude>	单位为度(°),保留小数点后 6 位数字
38	产品右下角点对应地理纬度	Double	数值(−90,90)	<LowerRightLatitude></LowerRightLatitude>	单位为度(°),保留小数点后 6 位数字
39	产品左下角点对应地理经度	Double	数值(−180,180)	<LowerLeftLongtitude></LowerLeftLongtitude>	单位为度(°),保留小数点后 6 位数字
40	产品左下角点对应地理纬度	Double	数值(−90,90)	<LowerLeftLatitude></LowerLeftLatitude>	单位为度(°),保留小数点后 6 位数字

产品处理信息的 XML 文档根元素的标记为 processInfo,具体见表 4.3。

表 4.3　传感器校正帧序列产品处理信息

序号	元数据项	数据类型	值域	XML 标记	备注
1	产品生产时间	String	yyyy-MM-ddhh：mm：ss. sss	\<ProductTime\>\</ProductTime\>	
2	产品生产地点	String		\<ProductCity\>\</ProductCity\>	产地
3	产品数据源	String	RAW	\<DataSource\>\</DataSource\>	RAW-原始影像产品
4	数据生产方式	String	STANDARD、EMERGENCY	\<ProduceType\>\</ProduceType\>	STANDARD-标准生产模式(精姿、精轨)EMERGENCY-应急生产模式(预姿、预轨)
5	使用的几何检校参数	String		\<GeometricCalibrationInfo\>\</GeometricCalibrationInfo\>	30 个字符固定长度的字符串,不足 30 字符时,在左边添加"～"补足。其中,会包含内外检校时间及参数文件版本号,几何模型精化的像方改正参数等
6	使用的辐射检校参数	String		\<RadiometricCalibrationInfo\>\</RadiometricCalibrationInfo\>	30 个字符固定长度的字符串,不足 30 字符时,在左边添加"～"补足。其中,会包含均一化校正参数文件、绝对定标系数伪代码、绝对定标时间与方式等

续表

序号	元数据项	数据类型	值域	XML 标记	备注
7	辐射校正方法	String	RAW、REL、ABS、TER	<RadiometricMethod></RadiometricMethod>	RAW-未作辐射校正 REL-相对辐射校正 ABS-绝对辐射校正 TER-地形辐射校正
8	全色波段绝对辐射定标系数	Double		<PanAbsRadioCalibrationCoeff></PanAbsRadioCalibrationCoeff>	根据实际波段配置填写相应波段的该项值（可选）
9	多光谱红波段绝对辐射定标系数	Double		<RedAbsRadioCalibrationCoeff></RedAbsRadioCalibrationCoeff>	根据实际波段配置填写相应波段的该项值（可选）
10	多光谱绿波段绝对辐射定标系数	Double		<GreenAbsRadioCalibrationCoeff></GreenAbsRadioCalibrationCoeff>	根据实际波段配置填写相应波段的该项值（可选）
11	多光谱蓝波段绝对辐射定标系数	Double		<BlueAbsRadioCalibrationCoeff></BlueAbsRadioCalibrationCoeff>	根据实际波段配置填写相应波段的该项值（可选）
12	是否进行 MTF 处理	Uint	No、Yes	<MtfCompensation></MtfCompensation>	No-未作 MTFC 处理 Yes-进行了MTFC处理

序号	元数据项	数据类型	值域	XML 标记	备注
13	使用高程模型	String	DEM AVE-Height	<HeightMode> </HeightMode>	DEM-精细数字高程模型 AVE-Height-区域平均高程
14	区域平均高程	Double		<DEMAverage> </DEMAverage>	如果"高程模型"为"AVE-Height",则此项不填
15	高程数据精度	Double		<DEMPrecision> </DEMPrecision>	如果"高程模型"为"DEM",则此项不填
16	产品重采样方法	String	Nearest_Neighbor Piecewise_Linear Cubic_Convolution_4P Truncated_sinc_6P Cubic_Convolution_6P Knab_6P Rasied_Cosine_6P Kaiser_Sinc_24P	<ResamplingKernel> </ResamplingKernel>	Nearest _ Neighbor——最临近像元 Piecewise _ Linear——双线性 Cubic_Convolution_4P- Truncated_sinc_6P- Cubic_Convolution_6P- Knab_6P- Rasied_Cosine_6P——升余弦 6 次 Kaiser_Sinc_24P-
17	产品重采样次数	Uint	1	<ResampleNum> </ResampleNum>	
18	贝尔插值方法	String		<BayerMethod> </BayerMethod>	

4.2　传感器校正视频产品

4.2.1　定义

传感器校正视频产品是传感器校正帧序列产品数据经过稳像后建立的视频影像产品。该产品内容包括 RPC 模型参数文件、稳像视频帧序列、稳像视频文件、视频元数据文件、缩略视频、视频 ReadMe 文件。

4.2.2　产品制作流程

为了实现视频高精度稳像,其主要流程如图 4.3 所示。

(1) 主帧和辅帧同名点匹配:选取连续视频影像若干帧,选择中间帧为主帧,把辅帧和主帧采用分块模式进行 SIFT(scale invariant feature transform)(Lowe,2004)同名点匹配,同名点匹配过程中利用投影变换模型(Kiran et al.,2014)和 RANSAC(random sample consensus)算法(Fischler and Bolles,1981)进行匹配粗差剔除;

(2) 主帧和辅帧运动估计:利用匹配获取的同名点计算主帧与辅帧之间的运动估计系数(辅帧的像面仿射变换参数),补偿计算辅帧的 RPC 模型;

(3) 主帧和辅帧运动补偿:利用步骤(2)求解的辅帧的 RPC 模型参数,将辅帧向主帧进行影像重采样,完成运动补偿;

(4) 对除主帧之外的所有辅帧传感器帧序列影像,按(1)～(3)逐一生成稳像帧序列影像;

(5) 利用(4)中所有稳像帧序列影像,生成稳像视频。

4.2.3　元数据内容

传感器校正视频产品元数据内容按照其逻辑结构划分为产品文件组成、

帧基本信息、产品处理信息、视频基本信息 4 个子集。每个子集部分分别采用 XML 文档的树形结构表示。

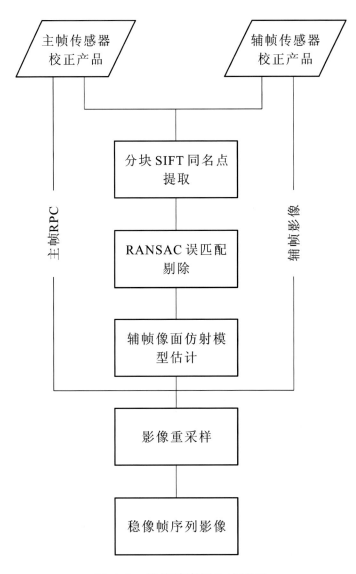

图 4.3 稳像帧序列生成流程

产品文件组成信息的 XML 文档根元素的标记为 productComponents，具体内容见表 4.4。

表 4.4　传感器校正视频产品文件组成信息

序号	元数据项	数据类型	值域	XML 标记	备注
1	文件类型标识	String	Metadata、imageData、rpcFile、browseImage、thumbImage、thumbVideo、browseVideo、geoRangeFile	\<FileType\>\</FileType\>	记录文件类型： Metadata——元数据文件 imageData——影像数据文件 rpcFile——RPC 文件 browseImage——浏览图文件 thumbImage——拇指图文件 browseVideo——浏览图视频 thumbVideo——拇指图视频 geoRangeFile——产品范围 ShapeFile 文件
2	文件名	String		\<Filename\>\</Filename\>	列出该文件的名称
3	文件格式	String	MP4、AVI、GTIF、TIF、IMG、TXT、JPEG、RPC	\<FileFormat\>\</FileFormat\>	列出该文件格式类型
4	文件格式版本	String		\<FormatVer\>\</FormatVer\>	列出该文件格式版本号

产品信息的 XML 文档根元素的标记为 productInfo，具体见表 4.5。

表 4.5　传感器校正视频产品基本信息

序号	元数据项	数据类型	值域	XML 标记	备注
1	产品级别	String	SCA	\<ProductLevel\>\</ProductLevel\>	

续表

序号	元数据项	数据类型	值域	XML 标记	备注
2	卫星标识	String		<SatelliteID> </SatelliteID>	
3	接收站标识	String		<ReceiveStation> </ReceiveStation>	
4	传感器	String	PAN、MSS、PMS	<Sensor> </Sensor>	传感器类型
5	时间类型	String	BJT	<DefaultTimeType> </DefaultTimeType>	BJT—北京时间
6	数据接收时间	String	yyyy-MM-ddhh: mm:ss.sss	<ReceiveTime> </ReceiveTime>	(.sss)可选
7	帧获取时间	String	yyyy-MM-ddhh: mm:ss.sss	<FrameAcquisitionTime> </FrameAcquisitionTime>	
8	轨道圈号	Uint		<OrbitID> </OrbitID>	卫星拍摄轨道圈号
9	产品 ID	String		<ProductID> </ProductID>	
10	视频 ID	String		<VideoID> </VideoID>	
11	帧索引	Uint	1~9999	<FrameIndex> </FrameIndex>	帧索引号,对应为视频的 第多少帧,从 1 开始
12	轨道数据类型	String	GPS、DGPS	<OrbitType> </OrbitType>	GPS-星上轨道数据; DGPS-双频 GPS 精化后 轨道

续表

序号	元数据项	数据类型	值域	XML 标记	备注
13	姿态数据类型	String	STAR STAR-Precise	\<AttitudeType\> \</AttitudeType\>	STAR-星上姿态数据 STAR-Precise-事后处理的精密轨道数据
14	太阳高度角度	Double	0～90	\<SolarElevation\> \</SolarElevation\>	描述成像时刻的太阳高度角,太阳与星下点的连线在星下点切平面上的投影与当地子午线之间的夹角,单位为度(°)
15	太阳方位角	Double	0～360	\<SolarAzimuth\> \</SolarAzimuth\>	描述成像时刻的太阳方位角,太阳光线在星下点切平面上的投影与星下点子午线的夹角,单位为度(°)
16	卫星方位角	Double	0～360	\<SatelliteAzimuth\> \</SatelliteAzimuth\>	描述成像时刻卫星星下点的卫星方位角,卫星与星下点的连线在星下点切平面上的投影与当地子午线之间的夹角,单位为度(°)
17	卫星高度角	Double	0～90	\<SatelliteElevation\> \</SatelliteElevation\>	描述成像时刻微型星下点的卫星高度角,卫星与星下点连线与星下点切平面的夹角,单位为度(°)

续表

序号	元数据项	数据类型	值域	XML 标记	备注
18	卫星平台侧摆角	Double		<SwingSatelliteAngle> </SwingSatelliteAngle>	单位为度(°),沿着卫星飞行方向,顺时针侧摆角度为正数
19	卫星平台横滚角	Double		<RollSatelliteng Angle> </RollSatelliteAngle>	单位为度(°)
20	卫星平台俯仰角	Double		<PitchSatelliteAngle> </PitchSatelliteAngle>	单位为度(°)
21	卫星平台偏航角	Double		<YawSatelliteAngle> </<YawSatelliteAngle>>	单位为度(°)
22	曝光时间	String		<ExposureTime> </ExposureTime>	相机曝光时间单位秒
23	产品行数	Uint		<HeightInPixels> </HeightInPixels>	
24	产品列数	Uint		<WidthInPixels> </WidthInPixels>	
25	产品列分辨率	Double		<ImageColumnGSD> </ImageColumnGSD>	单位为米/像素(m/pixel)
26	产品行分辨率	Double		<ImageRowGSD> </ImageRowGSD>	单位为米/像素(m/pixel)
27	云量	Double	0~100	<CloudPercent> </CloudPercent>	单位为百分号(%)
28	质量评价结果	String		<ProductQuality> </ProductQuality>	评价等级划分待定

续表

序号	元数据项	数据类型	值域	XML 标记	备注
29	数据位数	String		<Databits> </Databits>	
30	产品波段配置	String	PAN、BGR、GRN、BGRN	<FUSMethod> </FUSMethod>	PAN-全色、BGR-真彩、GRN-伪彩、BGRN-全波段
31	视频中心点对应地理经度	Double	数值(−180,180)	<CenterLongtitude> </CenterLongtitude>	单位为度(°)，保留小数点后 6 位数字
32	视频中心点对应地理纬度	Double	数值(−90,90)	<CenterLatitude> </CenterLatitude>	单位为度(°)，保留小数点后 6 位数字
33	视频左上角点对应地理经度	Double	数值(−180,180)	<UpperLeftLongtitude> </UpperLefLongtitude>	单位为度(°)，保留小数点后 6 位数字
34	视频左上角点对应地理纬度	Double	数值(−90,90)	<UpperLeftLatitude> </UpperLeftLatitude>	单位为度(°)，保留小数点后 6 位数字
35	视频右上角点对应地理经度	Double	数值(−180,180)	<UpperRightLongtitude> </UpperRightLongtitude>	单位为度(°)，保留小数点后 6 位数字
36	视频右上角点对应地理纬度	Double	数值(−90,90)	<UpperRightLatitude> </UpperRightLatitude>	单位为度(°)，保留小数点后 6 位数字

序号	元数据项	数据类型	值域	XML 标记	备注
37	视频右下角点对应地理经度	Double	数值(−180,180)	\<LowerRightLongtitude\>\</LowerRightLongtitude\>	单位为度(°),保留小数点后 6 位数字
38	视频右下角点对应地理纬度	Double	数值(−90,90)	\<LowerRightLatitude\>\</LowerRightLatitude\>	单位为度(°),保留小数点后 6 位数字
39	视频中心点对应地理经度	Double	数值(−180,180)	\<CenterLongtitude\>\</CenterLongtitude\>	单位为度(°),保留小数点后 6 位数字
40	视频中心点对应地理纬度	Double	数值(−90,90)	\<CenterLatitude\>\</CenterLatitude\>	单位为度(°),保留小数点后 6 位数字

产品处理信息的 XML 文档根元素的标记为 processInfo,具体见表 4.6。

表 4.6　传感器校正视频产品处理信息

序号	元数据项	数据类型	值域	XML 标记	备注
1	产品生产时间	String	yyyy-MM-ddhh:mm	\<ProductTime\>\</ProductTime\>	精确到分钟
2	产品生产地点	String		\<ProductCity\>\</ProductCity\>	产地
3	产品数据源	String	SC	\<DataSource\>\</DataSource\>	
4	稳像处理方式	String		\<StabilizationMethod\>\</StabilizationMethod\>	

序号	元数据项	数据类型	值域	XML 标记	备注
5	产品重采样方法	String	Nearest_Neighbor Piecewise_Linear Cubic_Convolution_4P Truncated_sinc_6P Cubic_Convolution_6P Knab_6P Rasied_Cosine_6P Kaiser_Sinc_24P	＜ResamplingKernel＞ ＜/ResamplingKernel＞	Nearest_Neighbor-最临近像元 Piecewise_Linear-双线性 Cubic_Convolution_4P- Truncated_sinc_6P- Cubic_Convolution_6P- Knab_6P- Rasied_Cosine_6P-升余弦 6 次 Kaiser_Sinc_24P-
6	产品重采样次数	Uint	1	＜ResampleNum＞ ＜/ResampleNum＞	
7	贝尔插值方法	String		＜BayerMethod＞ ＜/BayerMethod＞	

产品基本信息的 XML 文档根元素的标记为 VideoProductInfo，具体内容见表 4.7。

表 4.7　传感器校正视频产品视频基本信息

序号	元数据项	数据类型	值域	XML 标记	备注
1	视频 ID	String		＜VideoID＞ ＜/VideoID＞	视频的 ID
2	帧数	Uint	1～9999	＜FrameCount＞ ＜/FrameCount＞	视频包含的帧数
3	帧频	Uint	25	＜FrameRate＞ ＜/FrameRate＞	视频的帧频

序号	元数据项	数据类型	值域	XML 标记	备注
4	视频起始时间	String	yyyy-MM-ddhh：mm：ss．sss	<VideoStartTime></VideoStartTime>	视频第一帧获取时间
5	视频结束时间	String	yyyy-MM-ddhh：mm：ss．sss	<VideoEndTime></VideoEndTime>	视频最后一帧获取时间
6	视频行数	Uint		<VideoWidth></VideoWidth>	视频行数
7	视频列数	Uint		<VideoHeight></VideoHeight>	视频列数
8	视频影像分辨率	Double		<VideoImageGSD></VideoImageGSD>	单位为米/像素（m/pixel）
9	视频中心点对应地理经度	Double	数值(−180,180)	<CenterLongtitude></CenterLongtitude>	单位为度(°)，保留小数点后 6 位数字
10	视频中心点对应地理纬度	Double	数值(−90,90)	<CenterLatitude></CenterLatitude>	单位为度(°)，保留小数点后 6 位数字
11	视频左上角点对应地理经度	Double	数值(−180,180)	<UpperLeftLongtitude></UpperLefLongtitude>	单位为度(°)，保留小数点后 6 位数字
12	视频左上角点对应地理纬度	Double	数值(−90,90)	<UpperLeftLatitude></UpperLeftLatitude>	单位为度(°)，保留小数点后 6 位数字
13	视频右上角点对应地理经度	Double	数值(−180,180)	<UpperRightLongtitude></UpperRightLongtitude>	单位为度(°)，保留小数点后 6 位数字
14	视频右上角点对应地理纬度	Double	数值(−90,90)	<UpperRightLatitude></UpperRightLatitude>	单位为度(°)，保留小数点后 6 位数字

续表

序号	元数据项	数据类型	值域	XML 标记	备注
15	视频右下角点对应地理经度	Double	数值(−180,180)	<LowerRightLongtitude></LowerRightLongtitude>	单位为度(°),保留小数点后 6 位数字
16	视频右下角点对应地理纬度	Double	数值(−90,90)	<LowerRightLatitude></LowerRightLatitude>	单位为度(°),保留小数点后 6 位数字
17	视频左下角点对应地理经度	Double	数值(−180,180)	<LowerLeftLongtitude></LowerLeftLongtitude>	单位为度(°),保留小数点后 6 位数字
18	视频左下角点对应地理纬度	Double	数值(−90,90)	<LowerLeftLatitude></LowerLeftLatitude>	单位为度(°),保留小数点后 6 位数字

4.3　超分辨率重建产品

4.3.1　定义

对传感器校正视频产品的运动序列影像,利用超分重建技术制作的高质量、高分辨率序列影像。该产品附带 RPC 模型参数文件。

4.3.2　产品制作流程

1. 超分辨率重建影像产品制作流程

超分辨率技术处理的问题可以分为两大类:一类是因为相机的空间采样密度过低,所需的纹理细节不可用,产生的主要退化是混淆现象;另一类是采样密度完全足以获取所需的细节序列,但光学或运动模糊严重,产生的主要退化是模糊现象。此处介绍的超分辨率重建主要是针对上述两类退化进行处理。

观测影像即为一系列的低分辨率视频序列影像,在视频卫星影像的超分辨率重建问题中,可以认为它们是由一幅高分辨率影像经过一系列的降质过程产生的,降质过程包括几何运动、光学模糊、降采样以及附加噪声。如果用矢量 Z 表示所求的高分辨率影像,用 g_k 表示一幅分辨率影像(k 为影像编号),一个常用的影像观测模型为

$$g_k = D_k B_k M_k Z + n_k \qquad (4.1)$$

式中:M_k——几何运动矩阵;

$\qquad B_k$——模糊矩阵;

$\qquad D_k$——降采样矩阵;

$\qquad n_k$——附加噪声。

理想情况下,超分重建需要在去除噪声后,估计出升采样矩阵、运动矩阵、模糊矩阵后,计算出高分辨率影像 Z。但由于模糊矩阵很难估计,而且计算复杂,一般不在重建模型中直接计算,可以通过重建后复原处理解决模糊问题。

对于视频卫星的序列影像,视频帧间存在互补信息,一般采用多帧序列之间的互补信息来增加像素密度,提高分辨率。当影像中模糊信息也较明显时,往往还需要增加去模糊的影像复原处理。视频序列影像超分重建的一般流程如图 4.4 所示。

视频序列影像超分重建的步骤如下:

(1)读入 n 幅视频序列影像;

(2)对序列影像去噪;

(3)采用运动估计算法,估计序列影像的运动矩阵,并存储运动矩阵;

(4)设置超分重建参数,包括指定重建倍数、重建使用帧数、重建起始帧设置、重建算法选择、读入运动估计矩阵等;

(5)生成新的影像序列;

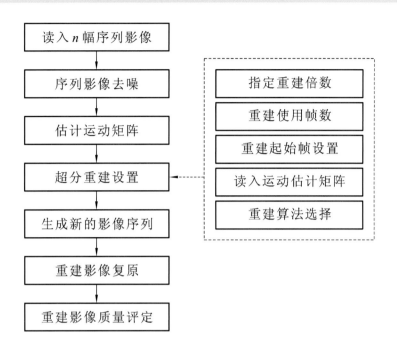

图 4.4　视频序列影像超分辨率重建流程

（6）对重建后影像序列进行复原处理；

（7）重建后影像质量评价。

2. 重建后影像 RPC 模型参数制作流程

重建后影像 RPC 模型参数计算的方式是利用地形无关的方式，根据传感器校正视频产品的运动序列影像 RPC 参数和重建的倍数计算。在像方布设相应的控制格网并在高程上建立高程分层，利用其严密成像几何模型，求解出对应的地面点坐标，建立空间控制格网；然后利用最小二乘法求解传感器校正产品的 RPC 模型参数（张过，2005）。

4.3.3　元数据内容

超分重建产品元数据内容按照其逻辑结构划分为产品文件组成、基本信息、产品处理信息三个子集。

产品信息的 XML 文档根元素的标记为 productInfo,具体见表 4.8。

表 4.8　超分重建产品文件组成信息

序号	元数据项	数据类型	值域	XML 标记	备注
1	文件类型标识	String	Metadata imageData rpcFile browseImage thumbImage browseVideo thumbVideo geoRangeFile	<FileType> </FileType>	记录文件类型: Metadata——元数据文件 imageData——影像数据文件 rpcFile——RPC 文件 browseImage——浏览图文件 thumbImage——拇指图文件 browseVideo——浏览图视频 thumbVideo——拇指图视频 geoRangeFile——产品范围 ShapeFile 文件
2	文件名	String		<Filename> </Filename>	列出该文件的名称
3	文件格式	String	MP4、AVI、 GTIF、TIF、 IMG、TXT、 JPEG、RPC	<FileFormat> </FileFormat>	列出该文件格式类型
4	文件格式版本	String		<FormatVer> </FormatVer>	列出该文件格式版本号

产品信息的 XML 文档根元素的标记为 productInfo,具体见表 4.9。

表 4.9　超分重建产品基本信息

序号	元数据项	数据类型	值域	XML 标记	备注
1	产品级别	String	2C	<ProductLevel> </ProductLevel>	2C:表示超分重建数据产品
2	卫星标识	String	JL101B	<SatelliteID> </SatelliteID>	详见:视频星产品规范

续表

序号	元数据项	数据类型	值域	XML 标记	备注
3	接收站标识	String	MY、KS、SY	<ReceiveStation> </ReceiveStation>	MY-密云站、KS-喀什站、SY-三亚站
4	传感器	String	PAN、MSS、CMOS	<Sensor> </Sensor>	传感器类型
5	时间类型	String	BJT	<DefaultTimeType> </DefaultTimeType>	BJT—北京时间
6	数据接收时间	String	yyyy-MM-ddhh：mm：ss. sss	<ReceiveTime> </ReceiveTime>	(. sss)可选
7	帧获取时间	String	yyyy-MM-ddhh：mm：ss. sss	<FrameAcquisitionTime> </FrameAcquisitionTime>	
8	轨道圈号	Uint		<OrbitID> </OrbitID>	卫星拍摄轨道圈号
9	产品 ID	String		<ProductID> </ProductID>	
10	输入视频 ID	String		<InputVideoID> </InputVideoID>	处理视频的名称,参见命名规则
11	帧 ID	String		<FrameID> </FrameID>	帧 ID
12	帧索引	Uint	1~9999	<FrameIndex> </FrameIndex>	帧索引号,对应为视频的第多少帧,从 1 开始
13	轨道数据类型	String	GPS；DGPS	<OrbitType> </OrbitType>	GPS-星上轨道数据 DGPS-双频 GPS 精化后轨道

序号	元数据项	数据类型	值域	XML 标记	备注
14	姿态数据类型	String	STAR STAR-Precise	＜AttitudeType＞ ＜/AttitudeType＞	STAR-星上姿态数据 STAR-Precise-事后处理的 精密轨道数据
15	太阳高度角度	Double	0～90	＜SolarElevation＞ ＜/SolarElevation＞	描述成像时刻的太阳高度 角,太阳与星下点的连 线在星下点切平面上的 投影与当地子午线之间 的夹角,单位为度(°)
16	太阳方位角	Double	0～360	＜SolarAzimuth＞ ＜/SolarAzimuth＞	描述成像时刻的太阳方位 角,太阳光线在星下点 切平面上的投影与星下 点子午线的夹角,单位 为度(°)
17	卫星方位角	Double	0～360	＜SatelliteAzimuth＞ ＜/SatelliteAzimuth＞	描述成像时刻卫星星下点 的卫星方位角,卫星与 星下点的连线在星下点 切平面上的投影与当地 子午线之间的夹角,单 位为度(°)
18	卫星高度角	Double	0～90	＜SatelliteElevation＞ ＜/SatelliteElevation＞	描述成像时刻微型星下点 的卫星高度角,卫星与星 下点连线与星下点切平 面的夹角,单位为度(°)
19	卫星平台侧摆角	Double		＜SwingSatelliteAngle＞ ＜/SwingSatelliteAngle＞	单位为度(°),沿着卫星飞 行方向,顺时针侧摆角 度为正数

续表

序号	元数据项	数据类型	值域	XML 标记	备注
20	卫星平台横滚角	Double		<RollSatelliteng Angle> </RollSatelliteAngle>	单位为度(°)
21	卫星平台俯仰角	Double		<PitchSatelliteAngle> </PitchSatelliteAngle>	单位为度(°)
22	卫星平台偏航角	Double		<YawSatelliteAngle> </</YawSatelliteAngle>>	单位为度(°)
23	曝光时间	String		<ExposureTime> </ExposureTime>	相机曝光时间单位秒
24	产品行数	Uint		<HeightInPixels> </HeightInPixels>	
25	产品列数	Uint		<WidthInPixels> </WidthInPixels>	
26	产品列分辨率	Double		<ImageColumnGSD> </ImageColumnGSD>	单位为米/像素 (m/pixel)
27	产品行分辨率	Double		<ImageRowGSD> </ImageRowGSD>	单位为米/像素 (m/pixel)
28	云量	Double	0~100	<CloudPercent> </CloudPercent>	单位为百分号(%)
29	质量评价结果	String	1 级、2 级、 3 级、4 级	<ProductQuality> </ProductQuality>	评价等级划分待定
30	数据位数	String	8 10 16 等	<Databits> </Databits>	

序号	元数据项	数据类型	值域	XML 标记	备注
31	产品波段配置	String	PAN、BGR、GRN、BGRN	<FUSMethod></FUSMethod>	PAN-全色、BGR-真彩、GRN-伪彩、BGRN-全波段
32	产品中心点对应地理经度	Double	数值(−180,180)	<CenterLongtitude></CenterLongtitude>	单位为度(°),保留小数点后6位数字
33	产品中心点对应地理纬度	Double	数值(−90,90)	<CenterLatitude></CenterLatitude>	单位为度(°),保留小数点后6位数字
34	产品左上角点对应地理经度	Double	数值(−180,180)	<UpperLeftLongtitude></UpperLefLongtitude>	单位为度(°),保留小数点后6位数字
35	产品左上角点对应地理纬度	Double	数值(−90,90)	<UpperLeftLatitude></UpperLeftLatitude>	单位为度(°),保留小数点后6位数字
36	产品右上角点对应地理经度	Double	数值(−180,180)	<UpperRightLongtitude></UpperRightLongtitude>	单位为度(°),保留小数点后6位数字
37	产品右上角点对应地理纬度	Double	数值(−90,90)	<UpperRightLatitude></UpperRightLatitude>	单位为度(°),保留小数点后6位数字
38	产品右下角点对应地理经度	Double	数值(−180,180)	<LowerRightLongtitude></LowerRightLongtitude>	单位为度(°),保留小数点后6位数字
39	产品右下角点对应地理纬度	Double	数值(−90,90)	<LowerRightLatitude></LowerRightLatitude>	单位为度(°),保留小数点后6位数字

序号	元数据项	数据类型	值域	XML 标记	备注
40	产品左下角点对应地理经度	Double	数值(−180,180)	\<LowerLeftLongtitude\>\</LowerLeftLongtitude\>	单位为度(°),保留小数点后 6 位数字
41	产品左下角点对应地理纬度	Double	数值(−90,90)	\<LowerLeftLatitude\>\</LowerLeftLatitude\>	单位为度(°),保留小数点后 6 位数字

产品处理信息的 XML 文档根元素的标记为 processInfo,具体见表 4.10。

表 4.10　超分重建产品处理信息

序号	元数据项	数据类型	值域	XML 标记	备注
1	产品生产时间	String	yyyy-MM-ddhh:mm	\<ProductTime\>\</ProductTime\>	精确到分钟
2	产品生产地点	String		\<ProductCity\>\</ProductCity\>	产地
3	产品数据源	String	SC、SCA	\<DataSource\>\</DataSource\>	
4	重建处理方式	String		\<ReconstructionMethod\>\</ReconstructionMethod\>	
5	贝尔插值方法	String		\<BayerMethod\>\</BayerMethod\>	

4.4　动态变化检测产品

4.4.1　定义

针对卫星视频的特点,按照动目标的大小、变形、纹理等因素,可将动目标分为三类:点状动目标、面状刚体动目标和面状非刚体动目标。

(1)点状动目标:指的是实际不发生变形、包含像素个数少(在 1 m 分辨率下,一般为 7×7 像素左右)、内部无(或极少)纹理的目标,例如汽车、小型渔船、快艇等;

(2)面状刚体目标:指的是实际不发生变形、包含像素个数较多、内部有少量纹理的目标,例如空客、大型游轮、军舰等;

(3)面状非刚体目标:指的是实际发生变形的、包含像素个数较多的流体目标,例如大型人员、烟雾、河流、泥石流、火山熔岩等。

运动目标检测和跟踪是利用视频序列的时间和空间上的相关性,将视频中运动的目标分割出来,并对每个目标进行帧间关联,进而提取动态信息的过程。

4.4.2　产品制作流程

在传感器校正视频产品或超分辨率重建产品的基础上,利用前 N 帧为每个像素建立混合高斯模型的背景模型,然后将待检测的每一帧按照时序与背景模型进行比对。针对每个像素,将该像素与背景模型当前位置中每个高斯模型分别作比较,如果符合某一高斯分布,则可判断该像素为背景像素,否则为前景像素(即运动像素)。同时根据判断结果对背景模型进行更新;在运动像素检测的基础上,通过连通域分析和局部分割提取目标,最后结合匈牙利算法、卡尔曼滤波和光流对目标进行帧间关联实现目标的跟踪,并提取目标相关信息。

产品制作流程如图 4.5 所示。

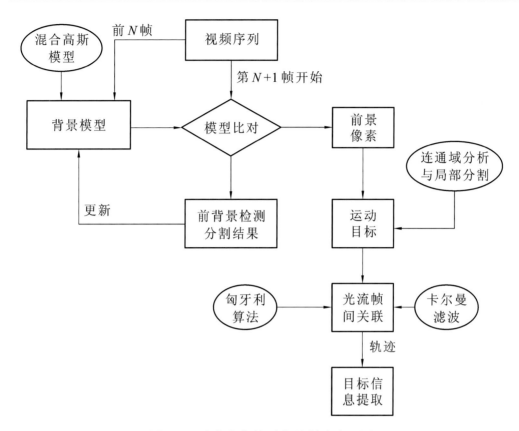

图 4.5　动态变化检测产品制造流程图

4.4.3　元数据内容

产品信息的 XML 文档根元素的标记为 productInfo,具体见表 4.11。

表 4.11　目标变化监测产品视频基本信息

序号	元数据项	数据类型	值域	XML 标记	备注
1	产品级别	String		＜ProductLevel＞ ＜/ProductLevel＞	
2	输入视频 ID	String		＜InputVideoID＞ ＜/InputVideoID＞	对应处理视频的 ID, 参见命名规则

序号	元数据项	数据类型	值域	XML 标记	备注
3	目标类型	String		\<TargetType\> \</TargetType\>	例如:烟雾、水域等
4	目标尺寸 最小值	Uint		\<TargetAreaMin\> \</TargetAreaMin\>	像素数值
5	目标尺寸 最小值帧号	Uint		\<TargetAreaMinIndex\> \</TargetAreaMinIndex\>	帧索引号
6	目标尺寸 最大值	Uint		\<TargetAreaMax\> \</TargetAreaMax\>	像素数值
7	目标尺寸 最大值帧号	Uint		\<TargetAreaMaxIndex\> \</TargetAreaMaxIndex\>	帧索引号

4.5　三维重建产品

4.5.1　定义

三维重建是指对三维物体建立适合计算机表示和处理的数学模型,是在计算机环境下对其进行处理、操作和分析其性质的基础,也是在计算机中建立表达客观世界的虚拟现实的关键技术。本节三维重建产品是利用卫星视频多帧影像进行地表三维重建,其技术核心表现在两个方面:视频影像自动定向和影像密集匹配。最终生成的三维重建产品是数字表面模型(digital surface model,DSM)产品。

4.5.2　产品制作流程

影像三维重建的流程主要包含两个方面:视频帧序列影像的立体定向和数字表面模型生成两块。具体产品制作流程如图 4.6 所示。

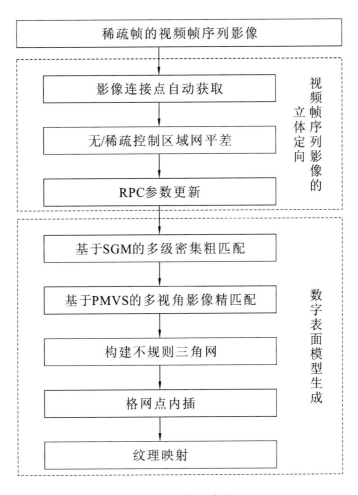

图 4.6　三维重建流程

1) 影像连接点自动获取

首先采用 RFM 进行同名点位预测,利用基于光点升降的投影轨迹法生成立体影像对的近似核线作为匹配时的约束条件,以此将二维搜索转变为近似一维搜索,大大提高搜索效率;然后采用金字塔影像近似核线匹配策略进一步提高影像匹配的可靠性,一般建立1～2层金字塔影像即可满足近似一维核线影像匹配的要求;最后通过随机采样一致性算法(RANSAC)探查和剔除误匹配点对,以实现高精度的影像自动量测。

2)无/稀疏控制区域网平差

依据带仿射变换项的 RFM 进行不同角度的多重覆盖卫星视频影像的区域网平差,以整体求解影像连接点的三维地面坐标及影像的定向参数。

3)RPC 参数更新

通过原始 RPC 参数和平差后的定向参数,利用地形无关的求解方法,生成虚拟控制格网反求更新后的 RPC 参数。

4)基于 SGM 的多级密集粗匹配

SGM 算法是一个逐像素匹配的算法,对内存的需求很大。为了提高内存使用效率,提高匹配的速度,采用多级金字塔匹配策略和分块匹配策略,通过逐级匹配减少每一级匹配的搜索范围,提高匹配的速度和内存使用效率。

5)基于 PMVS 的多视角影像精匹配

首先在影像上进行格网划分后提取特征点,通过特征点匹配,生成种子点集合。由种子面片向种子面片所在格网的邻域扩散,最后进行匹配结果滤波。

6)构建不规则三角网

在得到大量匹配点的基础上,通过不规则格网模型以及局部内插技术生成 DSM。

平面上给定 n 个点 $p_1, p_2, \cdots, p_n$,所谓平面点集三角剖分是指用互不相交的直线段连接 p_i 与 p_j,$1 \leqslant i, j \leqslant n, i \neq j$,并使凸壳内的每一个区域是一个三角形,如图 4.7 所示。

三角网(triangulated irregular network,TIN)被视为一系列连续三角形

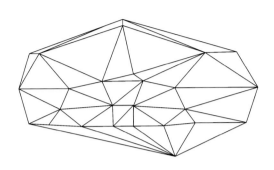

图 4.7　平面点集的一个三角剖分

构成的网状平面控制图形,它既可适应规则分布数据,也可适应不规则分布数据。利用逐点插入法,构建格网点。

逐点插入算法的基本步骤如下:

(1) 定义一个包含所有数据点的初始多边形;

(2) 在初始多边形中建立初始三角网,然后迭代步骤(3),直至所有数据点都被处理;

(3) 插入一个数据点 P,在三角网中找出包含 P 的三角形 t,把 P 点与三角形的三个顶点相连,生成三个新的三角形。

从上述步骤可以看出,逐点插入算法的思路非常简单,先在包含所有数据点的一个多边形中建立初始三角网,然后将余下的点逐一插入。各种实现方法的差别在于其初始多边形的不同以及建立初始三角网的方法不同。

7) 分块局部内插

分块内插是把参考空间分成若干分块,对各分块使用不同的函数,这时的问题是要考虑各相邻分块函数间的连续性问题。典型的局部内插有线性内插、局部多项式内插、双线性多项式内插和样条函数内插等。

4.5.3　元数据内容

产品信息的 XML 文档根元素的标记为 productInfo,具体见表 4.12。

表 4.12　三维重建产品基本信息

序号	元数据项	数据类型	值域	XML 标记	备注
1	产品级别	String		\<ProductLevel\> \</ProductLevel\>	
2	处理描述	String	3D-Reconstruction	\<ProcessDescription\> \</ProcessDescription\>	
3	输出文件格式	String	TIF	\<FileFormat\> \</FileFormat\>	
4	图像宽	Double		\<Width\> \</Width\>	
5	图像高	Double		\<Height\> \</Height\>	
6	分辨率/m	Double		\<Resolution\> \</Resolution\>	
7	左上角点对应地理经度	Double	数值(−180,180)	\<UpperLeftLongtitude\> \</UpperLefLongtitude\>	单位为度(°),保留小数点后6位数字
8	左上角点对应地理纬度	Double	数值(−90,90)	\<UpperLeftLatitude\> \</UpperLeftLatitude\>	单位为度(°),保留小数点后6位数字
9	右上角点对应地理经度	Double	数值(−180,180)	\<UpperRightLongtitude\> \</UpperRightLongtitude\>	单位为度(°),保留小数点后6位数字

续表

序号	元数据项	数据类型	值域	XML 标记	备注
10	右上角点对应地理纬度	Double	数值(−90,90)	<UpperRightLatitude></UpperRightLatitude>	单位为度(°),保留小数点后6位数字
11	右下角点对应地理经度	Double	数值(−180,180)	<LowerRightLongtitude></LowerRightLongtitude>	单位为度(°),保留小数点后6位数字
12	右下角点对应地理纬度	Double	数值(−90,90)	<LowerRightLatitude></LowerRightLatitude>	单位为度(°),保留小数点后6位数字
13	左下角点对应地理经度	Double	数值(−180,180)	<LowerLeftLongtitude></LowerLeftLongtitude>	单位为度(°),保留小数点后6位数字
14	左下角点对应地理纬度	Double	数值(−90,90)	<LowerLeftLatitude></LowerLeftLatitude>	单位为度(°),保留小数点后6位数字
15	中心点对应地理经度	Double	数值(−180,180)	<CenterLongtitude></CenterLongtitude>	单位为度(°),保留小数点后6位数字
16	中心点对应地理纬度	Double	数值(−90,90)	<CenterLatitude></CenterLatitude>	单位为度(°),保留小数点后6位数字

第 5 章

高分辨率视频卫星标准产品体系验证

　　为验证高分辨率光学视频卫星标准产品分级的可行性和精度,利用仿真数据、Skysat和吉林一号视频卫星等多套数据进行验证和分析。

5.1 仿真验证

5.1.1 试验数据

采用吉林一号视频星的指标和登封地区的 1：5000 DEM 和 DOM，仿真获得 8 s 视频，帧率 25 帧/s，共 200 帧视频影像。本实验数据姿态输出频率为 10 Hz，轨道输出频率为 1 Hz。在卫星方提供的姿态轨道数据基础上加入了随机轨道误差±5 m 左右，随机姿态误差为±5″。

5.1.2 原始视频几何模型试验

采用与地形无关的方式求解每帧视频的 RPC 参数，得到了 RPC 拟合精度。取第 70 帧和第 100 帧及第 130 帧的拟合精度如表 5.1 所示。沿轨向和垂轨向拟合精度均控制在 5×10^{-6} 之内，满足 5% 像素 RPC 拟合精度要求。

表 5.1　原始视频 RPC 替代精度　　　　　　（单位：像素）

帧数	沿轨向			垂轨向		
	最大值	最小值	中误差	最大值	最小值	中误差
70	0.000 007 076 8	0.000 000 881 4	0.000 002 744 0	0.000 003 723 6	0.000 000 022 6	0.000 001 229 4
90	0.000 006 974 9	0.000 000 878 0	0.000 002 709 7	0.000 003 641 5	0.000 000 023 5	0.000 001 203 8
130	0.000 006 757 7	0.000 000 840 9	0.000 002 614 5	0.000 003 493 7	0.000 000 026 4	0.000 001 152 5

5.1.3 帧间运动估计试验

利用 SIFT(scale invariant feature transform)算子获取某辅帧和主帧之间的配准点，求解辅帧的像方仿射变换参数，计算运动估计残差，统计任意相邻帧之间的定向残差,如表 5.2 所示。

表 5.2　帧间运动估计精度评价表 　　　　　（单位:像素）

帧数	沿轨向			垂轨向		
	最大值	最小值	中误差	最大值	最小值	中误差
99～100	0.671 297	0	0.138 547	0.656 555	0.000 001	0.136 552
100～101	0.710 788	0	0.135 972	0.624 698	0.000 001	0.133 845

SIFT 配准的精度估计在 0.1 个像素左右,帧间运动估计中误差精度都在 0.15 个像素之内,验证了本书提出的基准主帧运动估计模型的正确性。利用辅帧原始 RPC 参数及求解的像方仿射参数,生成运动估计补偿后的辅帧 RPC,其拟合精度如表 5.3 所示。

表 5.3　运动估计补偿后 RPC 拟合精度 　　　　　（单位:像素）

帧数	沿轨向			垂轨向		
	最大值	最小值	中误差	最大值	最小值	中误差
70	0.000 004	0	0.000 002	0.000 026	0	0.000 009
90	0.000 004	0	0.000 001	0.000 024	0	0.000 008
130	0.000 004	0	0.000 001	0.000 025	0	0.000 009

5.1.4　稳像后卫星视频配准精度试验

为了验证卫星视频稳像精度,采取了基于 ENVI 开发的 Corr-Cosi 插件 (Leprince et al.,2007)对稳像后相邻视频影像进行相关匹配运算。配准的窗大小为 32 个像素,步长为 32 个像素,最大迭代两次。表 5.4 为任意抽取的三个相邻帧对之间配准精度的统计结果。

表5.4　视频稳像后配准精度　　　　　　　　　　　　（单位:像素）

帧数	沿轨向				垂轨向			
	最大值	最小值	均值	中误差	最大值	最小值	均值	中误差
19～20	0.126 79	−0.261 48	−0.027 12	0.057 70	0.159 15	−0.331 09	0.020 01	0.063 90
100～101	0.319 61	−0.312 57	0.008 87	0.102 24	0.272 16	−0.367 36	−0.004 71	0.105 01
121～122	0.202 09	−0.297 27	0.028 20	0.207 76	0.585 76	−0.314 65	−0.025 80	0.113 66

从表5.4卫星视频稳像后的精度可以看出,影像配准精度优于0.25个像素,满足视频稳像的目的。

5.2　Skysat 验证

利用 Skysat 拍摄的拉斯维加斯城区视频数据进行动态变化产品验证,如图5.1所示视频某一帧,视频经过稳像处理,道路上行驶着大量机动车,动态变化产品就是要将运动的机动车检测出来,并对目标进行提取、编号和跟踪。图5.2为运动像素检测的结果;图5.3为目标提取、编号和跟踪结果。

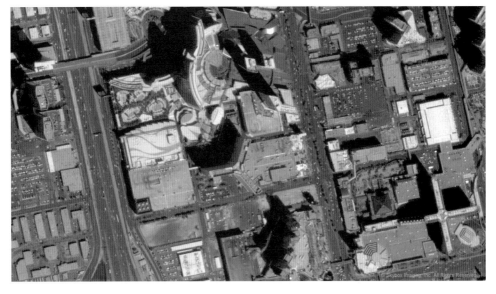

图 5.1　Skysat 视频某一帧影像

图 5.2　运动像素检测结果

图 5.3　运动目标提取跟踪结果

5.3 吉林一号视频卫星验证

5.3.1 吉林一号视频卫星辐射校正处理

1. 贝尔插值

吉林一号视频卫星采用贝尔模板模式成像,即用一个探元与其相邻探元收集的辐亮度信息恢复该探元其他两个波段辐亮度信息既构成了彩色图像,同时又降低了对星上存储空间的压力。贝尔模板成像后图像需要通过贝尔插值处理才能获取完整的真彩色三波段图像数据。常规贝尔插值算法有线性插值、梯度插值、边缘插值、相关性插值、滤波插值等,但这些常规算法都存在局限性,无法获得高辐射质量图像数据。针对吉林一号视频卫星贝尔模板特性提出自适应边缘权值的相关性插值算法;如图 5.4(a)常规插值;图 5.4(b)自适应边缘权值的相关性插值所示,自适应边缘权值的相关性插值算法与常规插值算法相比既保留了图像的色彩属性,又保证了图像地物之间的自然过渡和较高的对比度;图 5.5 为吉林一号视频卫星贝尔插值前后图像对比。

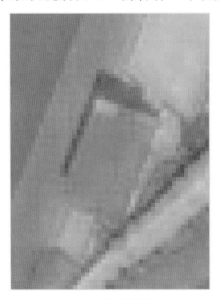 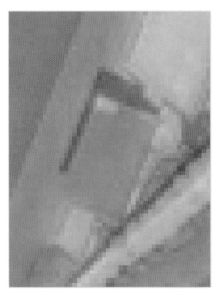

（a）常规插值　　　　　　　（b）自适应边缘权值的相关性插值

图 5.4　常规插值与自适应边缘权值的相关性插值对比图

（a）贝尔插值前图像

（b）贝尔插值后图像

图 5.5　吉林一号视频卫星贝尔插值前后图像对比图

2. 视频卫星影像增益校正

1）基于辐射定标数据增益校正

卫星入轨后所处空间环境变化以及卫星发射时受发射震动的影响导致卫星入轨一段时期后载荷响应特性发生变化甚至重大变化,直接导致成像图像质量的降低,视频面阵传感器探元阵列出现"异常"探元或探元组等。因此,高精度在轨辐射定标以及周期性在轨辐射定标对提升和保障卫星传感器图像质量具备重要意义。常规推扫式成像遥感卫星在轨定标主要采用在轨均匀场地定标、统计定标、偏航定标等方法。针对视频卫星大面阵相机特性,常规的推扫式成像卫星辐射定标法无法实现视频卫星面阵相机辐射定标;因此采用基于特定均匀场景的定标法进行大面阵相机辐射定标;该方法通过卫星对深空背景成像实现视频面阵传感器暗电流噪声标定,根据相机响应动态范围选用中、高亮度均匀地物如南北极深对流云层完成视频面阵传感器增益标定。图 5.6 为吉林一号视频 01 星采样均匀海洋数据标定增益系数分布示意图,图 5.7 为增益校正应用效果图。

2）基于常规视频多帧数据定标的增益校正

上述简述了在存在辐射定标数据情况下如何进行视频的辐射定标工作,但是实际情况往往很难获取有效的辐射定标数据,在此种情况下提出利用视频图

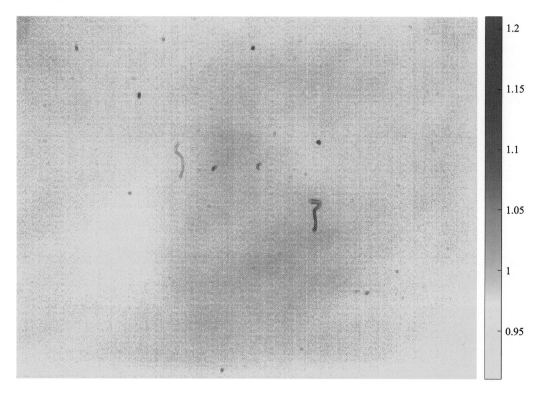

图 5.6　吉林一号在轨辐射定标系数

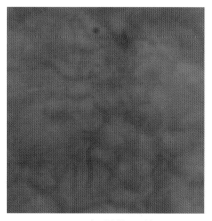 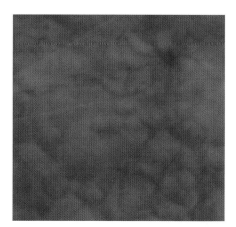

（a）辐射校正前　　　　　　　　　　（b）辐射校正后

图 5.7　辐射校正效果图

像多帧/帧间信息去补偿异常探元响应的方法,实现高精度异常探元校正。核心思路为通过高精度帧间配准方法,精确定位异常探元位置信息,通过多帧序列图像信息补偿异常探元的响应,达到异常探元校正的目的;如图5.8所示,通过多帧信息可很好补偿异常探元信息。

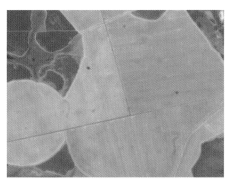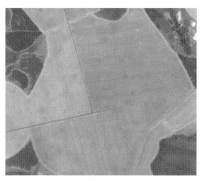

（a）辐射校正前　　　　　　　　　　　（b）辐射校正后

图 5.8　辐射校正前后对比图

3. 视频影像色彩校正

当视频相机波段光谱范围设置同人眼（标准观察者）观察物体光谱范围存在较大差异时,其成像图像在人眼看来表现为色彩偏差。图5.9为吉林一号视频星光谱范围同标准观察者光谱范围的差异。

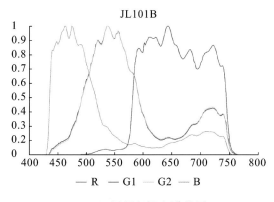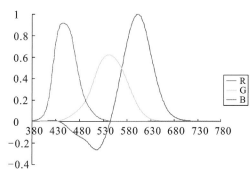

（a）视频相机光谱范围　　　　　　　　（b）标准观察者光谱范围

图 5.9　视频相机光谱范围与标准观察者光谱范围对比图

推扫式遥感光学卫星传感器在轨色彩标定通常采用色彩靶标标定出一组色彩校正系数,然后应用到其他每景影像上;但是考虑到每景影像成像条件的差异尤其大气影响会导致白平衡问题,因此最优的方案就是针对每景定标给出一组色彩校正系数;但其工作量是非常巨大的;有鉴于此针对视频相机影像色偏问题,考虑基于参考影像色彩系数库进行校正,根据影像成像时间获取对应参考色彩校正系数完成每景的实时校正处理。图 5.10 为吉林一号视频星色彩校正前后示意图。

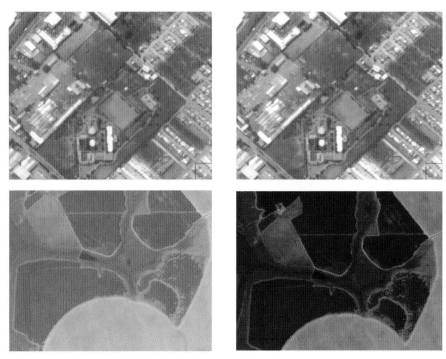

  (a) 视频单帧影像色彩校正前   (b) 视频单帧影像色彩校正后

图 5.10 色彩校正前后对比图

4. 视频影像噪声去除

由于卫星传感器成像过程中受各种因素影响,以及星上对链路噪声抑制的不彻底,造成影像存在一系列随机噪声,影像信噪比较低。该随机误差通过定标的方法很难去除,因此在单帧视频影像产品处理中需要进行噪声去除处理。噪声去除前后对比效果如图 5.11 所示。

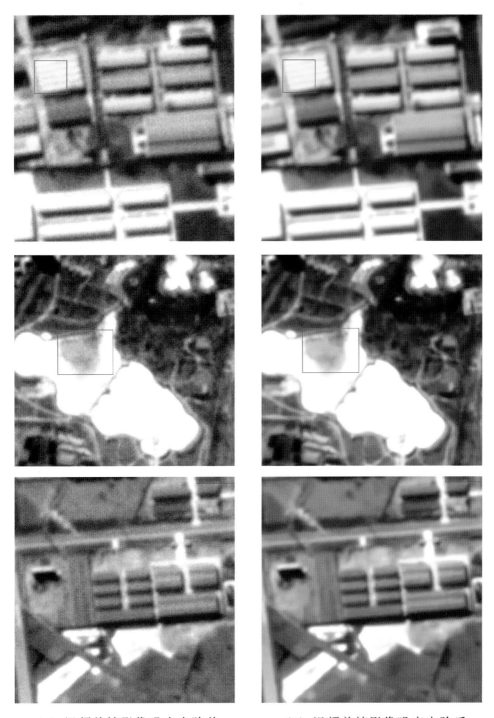

（a）视频单帧影像噪声去除前　　　　（b）视频单帧影像噪声去除后

图 5.11　噪声去除前后对比图

5. 视频影像异常探元校正

面阵传感器增益标定系数无法满足对某些单个异常探元的校正处理。通过对视频卫星影像增益校正系数分析发现,其增益系数值大部分维持在 1.0 左右,异常探元区域校正系数在 1.1~1.5,一般不会超过 1.5,因此,对相对辐射增益系数大于 1.5 甚至更大的情况判定为响应"异常探元",如图 5.12 所示。通过增益标定定位异常探元位置,并对异常探元位置建立查找库,处理时根据库对异常探元依次处理,图 5.13 所示异常探元为处理后效果。

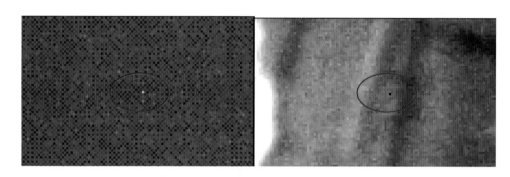

图 5.12　相对辐射定标系数对应异常探元示意图

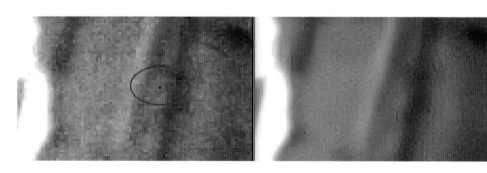

图 5.13　异常探元处理前后对比图

5.3.2　吉林一号视频稳像

卫星视频帧序列中每帧影像的外方位元素数值存在差别,相邻帧影像间的同名点在像面位置不同,且每帧影像均存在几何畸变,故需要进行视频稳像处理。吉林一号灵巧视频星 01 星拍摄的北京和高雄,选取帧序列中的相邻 10 帧作为实验数据,通过相邻帧配准作为卫星视频几何配准精度的度量。卫星视频各帧的大小为 4 096 像素×3 072 像素,将原始数据裁剪成 2 000 像素×2 000 像素,作为实验数据,如图 5.14 所示。

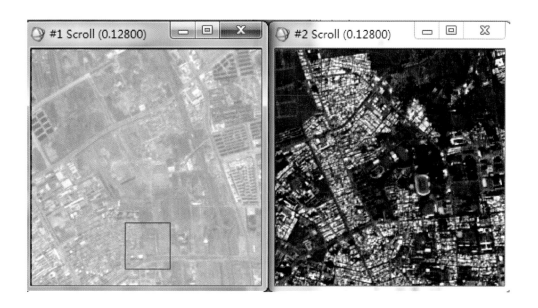

图 5.14　实验数据(北京和高雄)

(1) 将实验数据划分格网。例如,分成 2×2 格网,如图 5.15 所示。

图 5.15　划分格网

（2）特征点提取和匹配，如图 5.16 所示。

图 5.16　特征点提取和匹配

（3）实验结果输出，如表 5.5 和表 5.6 所示。

表 5.5　北京视频实验结果

误差 北京	X 方向中误差	Y 方向中误差	平面中误差
01_02_JL01	0.207 0	0.207 1	0.292 8
02_03_JL01	0.210 9	0.198 9	0.289 9
03_04_JL01	0.210 8	0.187 1	0.281 9
04_05_JL01	0.236 0	0.187 1	0.301 2
05_06_JL01	0.227 0	0.192 7	0.297 8
06_07_JL01	0.229 6	0.200 4	0.304 8
07_08_JL01	0.218 5	0.208 7	0.302 2
08_09_JL01	0.221 6	0.191 3	0.292 7
09_10_JL01	0.207 6	0.196 9	0.286 1
Average	0.218 7	0.196 7	0.294 4

表 5.6　高雄视频实验结果

误差 高雄	X 方向中误差	Y 方向中误差	平面中误差
01_02_JL01	0.191 5	0.186 2	0.267 1
02_03_JL01	0.187 2	0.178 5	0.258 7
03_04_JL01	0.183 5	0.174 4	0.253 2
04_05_JL01	0.183 2	0.173 1	0.252 0
05_06_JL01	0.182 6	0.172 4	0.251 2
06_07_JL01	0.181 7	0.171 3	0.249 7
07_08_JL01	0.192 1	0.186 0	0.267 4
08_09_JL01	0.181 7	0.171 3	0.249 7
09_10_JL01	0.191 1	0.185 5	0.266 3
Average	0.186 1	0.177 6	0.257 3

由实验结果知:对吉林一号视频卫星 01 星一段长视频进行几何配准精度实验,取了相邻 100 帧作为实验数据,通过相位相关配准算法找同名点,最后计算相邻帧对应特征点在 X、Y 方向的失配量,统计出该段长视频的平面中误差平均值为 0.27,吉林一号卫星视频稳像符合精度要求。

5.3.3　吉林一号视频卫星超分辨率重建

实验采用拍摄于 2015 年 10 月 27 日的吉林一号 1A 级彩色视频影像。拍摄区域为墨西哥杜兰戈地区,视频时长 30 s,25 帧/s。原始分辨率为 1.1 m。图 5.17 展示了视频的部分帧。

重建中用 5 帧重建一帧,重建倍数为 2,容许误差为 0.75,采用金字塔 LK 光流法估计运动参数。由于原视频影像镜头存在严重的灰尘等噪声,因此,先对影像序列进行了灰尘检测去噪声处理,处理结果如图 5.18 所示。

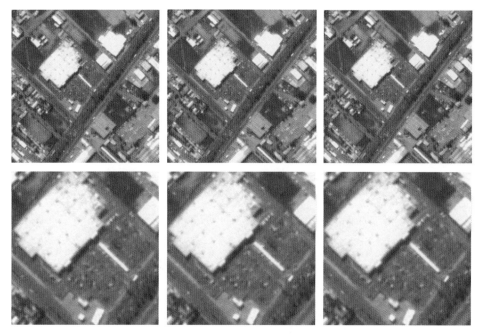

图 5.17　低分辨率视频影像序列 1、5、15 帧（上为整体，下为局部细节）

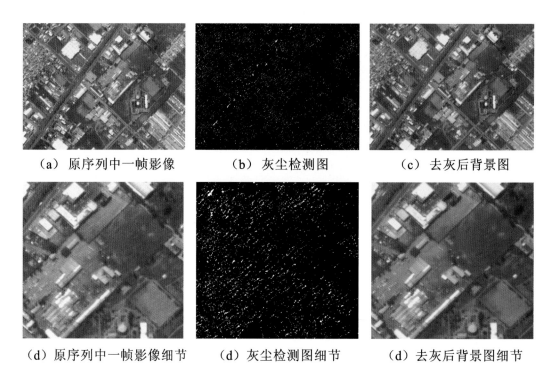

（a）原序列中一帧影像　　　　（b）灰尘检测图　　　　（c）去灰后背景图

（d）原序列中一帧影像细节　　（d）灰尘检测图细节　　（d）去灰后背景图细节

图 5.18　灰尘检测前后对比图

对去噪声后的视频序列影像进行超分辨率重建,超分重建后进行了影像复原处理。处理后的局部细节如图 5.19、图 5.20 所示。

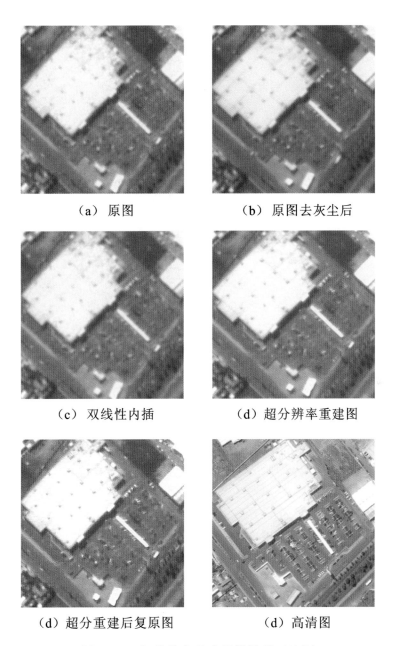

（a）原图	（b）原图去灰尘后
（c）双线性内插	（d）超分辨率重建图
（d）超分重建后复原图	（d）高清图

图 5.19　超分辨率重建局部结果对比图

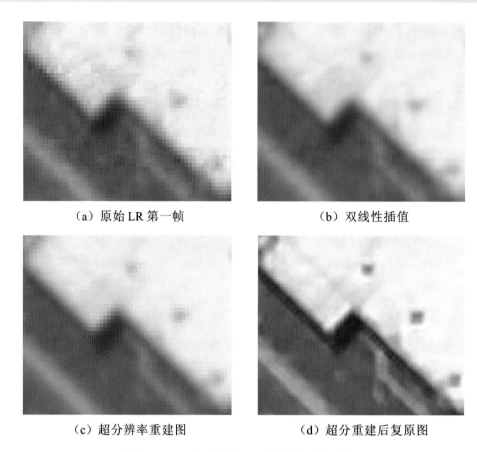

（a）原始 LR 第一帧 　　　　　　　（b）双线性插值

（c）超分辨率重建图 　　　　　　　（d）超分重建后复原图

图 5.20　超分辨率重建结果细节对比

对比图 5.19、图 5.20 可以看出，超分重建后整体上都增加了影像的信息。细节上插值法边缘信息模糊，重建后边缘信息比原图好，但是像素信息过渡不自然，重建后复原影像边缘细节清晰。对影像中地物的整体处理效果方面，插值结果改善不明显，重建后建筑物和车辆等局部信息改善明显。同时，采用信息熵和信噪比（signal to noise ratio，SNR）评价指标进行定量评价。信息熵是针对影像信息丰富程度进行评价的指标，该值的大小表示影像所包含的平均信息量的多少。信息熵值越大就表明影像的信息量越丰富，相反，值越小就表明影像信息较少。信噪比是衡量影像质量高低的一个重要指标，信噪比增大表明影像质量有提升。对比结果如表 5.7 所示。从表中可以看出，超分重建后影像的 SNR 和信息熵都变大，影像质量提高，超分重建后复原的影像质量提高最大。

表 5.7　重建影像客观指标评价

指标	LR 第一帧	双线性插值	超分重建图	重建后复原
信息熵	7.10	7.12	7.14	7.25
SNR	9.85	11.31	11.31	15.21

5.3.4　吉林一号视频卫星动态变化检测

对吉林一号视频卫星拍摄的墨西哥杜兰戈区域的视频进行动态变化检测处理,针对道路上行驶的机动车,图 5.21、图 5.22 和图 5.23 分别为其中一帧和对应的运动目标检测、提取以及跟踪结果。

图 5.21　吉林一号视频卫星某一帧影像

图 5.22　运动像素检测结果

图 5.23　运动目标提取跟踪结果

选取几个目标的运动轨迹图如图 5.24 所示。其中圆圈代表当前帧真实检测提取到的目标、无圆圈代表采用滤波和匹配提取到的目标,曲线代表目标运动的轨迹。

图 5.24　运动目标轨迹

第 6 章

高分辨率视频卫星标准产品制作基本算法

　　本章概述星载光学视频产品制作涉及的关键算法,补充高分辨率视频卫星标准产品的制作流程所用到的技术。

6.1　视频辐射校正

6.1.1　贝尔插值

颜色相关的边缘方向插值利用了各颜色分量之间的相关性，并融合了拉普拉多算子进行边缘方向插值（Lukac et al.，2004）。此方法利用了颜色相关性中的色比性质，研究认为，在同一坐标位置上不同颜色分量的比值是平滑变化的（Duran and Buades，2014）。

1. 绿色插值

插值模板如图 6.1 所示，以 R_7 位置上的绿色插值为例说明。首先定义两个梯度：水平梯度 ΔH 和垂直梯度 ΔV。

R	G	R_1	G	R
G	B_2	G_3	B_4	G
R_5	G_6	R_7	G_8	R_9
G	B_{10}	G_{11}	B_{12}	G
R	G	R_{13}	G	R

图 6.1　插值模板图

$$\Delta H = |G_6 - G_8| + |2 \times R_7 - R_5 - R_9|$$
$$\Delta V = |G_3 - G_{11}| + |2 \times R_7 - R_1 - R_{13}|$$

然后，对两个梯度的大小进行比较：

（1）如果，$\Delta H < \Delta V$，那么，G_7 的值为

$$\frac{G_6 + G_8}{2} + \frac{2 \times R_7 - R_5 - R_9}{4} \qquad (6.1)$$

（2）如果，$\Delta H > \Delta V$，那么，G_7 的值为

$$\frac{G_3 + G_{11}}{2} + \frac{2 \times R_7 - R_1 - R_{13}}{4} \qquad (6.2)$$

（3）如果，$\Delta H = \Delta V$，那么，G_7 的值为

$$\frac{\text{式}(6.1) + \text{式}(6.2)}{2} \qquad (6.3)$$

注意，还有另外一种位置情况 B_2，此情况的插值方法相同，只需要将式（6.1）、式（6.2）和式（6.3）中的红色分量变成相应位置上的蓝色分量来计算。

2. 蓝色插值

蓝色插值分为三种位置情况，分别为 G_3，G_6，R_7。对于 R_7 位置上的蓝色值 B_7 来说，根据色比性质，$B_7/G_7' = B_2/G_2'$（G' 表示绿分量中插值求得的像素值）。考虑到，R_7 斜对角线上存在 4 个蓝色 B_2、B_4、B_{10} 和 B_{12}，那么，取该四个位置上颜色比值的均值，可提高插值精度。所以，B_7 的值为

$$\frac{G_7'}{4} \times \left(\frac{B_2}{G_2'} + \frac{B_4}{G_4'} + \frac{B_{10}}{G_{10}'} + \frac{B_{12}}{G_{12}'} \right) \qquad (6.4)$$

G_3 和 G_6 位置的插值，原理同上，取各自位置上的水平或垂直邻域的两个位置的颜色比值均值即可。G_3 位置的 B_3 值为

$$\frac{G_3}{2} \times \left(\frac{B_2}{G_2'} + \frac{B_4}{G_4'} \right) \qquad (6.5)$$

3. 红色插值

原理同蓝色插值。

6.1.2　视频影像相对辐射校正

卫星传感器对地物入瞳辐亮度响应常采用线性响应模型，如式（6.6）所

示。辐射定标就是通过一系列手段确定公式(6.7)中的增益系数(gain)和偏置系数(bias)的过程,最终经过定标将传感器记录的数字量化值转换为具有物理意义的地物辐亮度信息。

$$DN = L \times gain + bias \tag{6.6}$$

$$L = \frac{DN - bias}{gain} \tag{6.7}$$

如果辐射定标过程中不考虑影像灰度值(DN)的物理意义,只是标定传感器各个探元间的响应关系系数则为相对辐射定标,式中 L 可以换成一个其他的各个探元统一的基准,在相对辐射定标过程中常常采用传感器所有探元的灰度均值($\overline{DN}$)。

吉林一号视频星在轨相对辐射定标方案中,偏置系数定标采用对深空成像的方式;增益系数定标采用基于多帧序列的均匀场景定标法。

$$\left.\begin{array}{l} gain_j = \dfrac{\overline{DN_j}}{\overline{DN}} \\[3mm] \overline{DN_j} = \dfrac{1}{n} \sum_{i=1}^{n} DN_{i,j} \\[3mm] \overline{DN} = \sum_{j=1}^{DetNums} \overline{DN_j} \end{array}\right\} \tag{6.8}$$

式中:j——探元序号;

n——视频帧序号;

DetNums——吉林一号视频星传感器探元个数。

获取增益校正系数后根据式(6.6)进行相对辐射校正处理。

6.1.3 异常探元处理

异常探元的在轨处理中分为异常探元位置定位和异常探元处理。吉林一号视频卫星传感器在实验室定标时并未发现异常探元,其异常探元均为在轨后出现;因此本书采用基于帧序列定标的方式探测异常探元位置,利用相邻探元插值的方式补偿异常探元响应。

在轨相对辐射定标完成后,各个探元的增益系数一般位于 1 左右,对相对辐射定标的增益系数进行分析,如果某个探元的增益系数大于阈值 1,则该探元为死探元或坏探元;如果某个探元增益系数小于阈值 2,则该探元为热探元;本书阈值 1 取 1.5,阈值 2 取 0.5。

由于吉林一号视频星焦面采用贝尔模板阵列,因此在进行异常探元插值处理时需要针对不同成像通道进行分开处理。

对红色波段和蓝色波段,当异常探元位于第一列时,采用式(6.9)进行处理:

$$\mathrm{DN}_{n,1} = \frac{1}{3}(\mathrm{DN}_{n-2,1} + \mathrm{DN}_{n+2,1} + \mathrm{DN}_{n,3}) \tag{6.9}$$

当异常探元位于最后一列时,采用式(6.10)处理:

$$\mathrm{DN}_{n,m-1} = \frac{1}{3}(\mathrm{DN}_{n-2,m-1} + \mathrm{DN}_{n+2,m-1} + \mathrm{DN}_{n,m-3}) \tag{6.10}$$

当异常探元位不在图像边缘时,按式(6.11)插值处理:

$$\mathrm{DN}_{n,m} = \frac{1}{4}(\mathrm{DN}_{n-2,m} + \mathrm{DN}_{n+2,m} + \mathrm{DN}_{n,m-2} + \mathrm{DN}_{n,m+2}) \tag{6.11}$$

对绿色波段,当异常探元位于第一列时,采用式(6.12)进行处理:

$$\mathrm{DN}_{n,1} = \frac{1}{2}(\mathrm{DN}_{n-1,2} + \mathrm{DN}_{n+1,2}) \tag{6.12}$$

当异常探元位于最后一列时,采用式(6.13)处理:

$$\mathrm{DN}_{n,m-1} = \frac{1}{2}(\mathrm{DN}_{n-1,m-2} + \mathrm{DN}_{n+1,m-2}) \tag{6.13}$$

当异常探元不在图像边缘时,按式(6.14)插值处理:

$$\mathrm{DN}_{n,m} = \frac{1}{4}(\mathrm{DN}_{n-1,m-1} + \mathrm{DN}_{n+1,m+1} + \mathrm{DN}_{n+1,m-1} + \mathrm{DN}_{n+1,m+1}) \tag{6.14}$$

上述公式中,n 为影像行数,m 为影像列数。

如果存在两个异常探元相邻时,将上述插值公式根据距离进行加权处理即可;如果存在三个以上异常探元相邻,则不做处理。

6.1.4 基于靶标色彩校正技术

物体的颜色可以分为本身发光的和本身不发光的两大类:前者称为光源色,后者称为物体色。根据色度学原理,无论是光源色还是物体色,其颜色主要取决于直接进入观察者眼睛的光辐射的光谱功率分布。计算颜色三刺激值(XYZ)的一般公式为

$$\left. \begin{aligned} X &= K \sum_{\lambda} \varphi(\lambda) \bar{x}(\lambda) \cdot \Delta\lambda \\ Y &= K \sum_{\lambda} \varphi(\lambda) \bar{y}(\lambda) \cdot \Delta\lambda \\ Z &= K \sum_{\lambda} \varphi(\lambda) \bar{z}(\lambda) \cdot \Delta\lambda \end{aligned} \right\} \tag{6.15}$$

式中:X,Y,Z——颜色三刺激值;

K——归一化因数;

$\varphi(\lambda)$——直接进入观察者眼睛的光辐射的光谱功率分布;

$\bar{x}(\lambda)$,$\bar{y}(\lambda)$,$\bar{z}(\lambda)$——标准色度观察者光谱三刺激值;

$\Delta\lambda$——波长间隔。

滤光玻璃的颜色属于透射物体色。因此,它的颜色取决于照明光源的相对光谱功率分布 $S(\lambda)$ 和玻璃本身的光谱透射比 $\tau(\lambda)$,即 $\varphi(\lambda) = S(\lambda) \cdot \tau(\lambda)$。于是可以把公式(6.15)改写为

$$\left. \begin{aligned} X &= K \sum_{\lambda} S(\lambda) \tau(\lambda) \bar{x}(\lambda) \cdot \Delta\lambda \\ Y &= K \sum_{\lambda} S(\lambda) \tau(\lambda) \bar{y}(\lambda) \cdot \Delta\lambda \\ Z &= K \sum_{\lambda} S(\lambda) \tau(\lambda) \bar{z}(\lambda) \cdot \Delta\lambda \end{aligned} \right\} \tag{6.16}$$

式中

$$K = \frac{100}{\sum_\lambda S(\lambda)\bar{y}(\lambda)} \cdot \Delta\lambda$$

根据公式(6.16)计算出颜色三刺激值。再由公式(6.17)计算出色品坐标(CIE-xyz 坐标)。

$$\left. \begin{array}{l} x = \dfrac{X}{(X+Y+Z)} \\[2mm] y = \dfrac{Y}{(X+Y+Z)} \\[2mm] z = \dfrac{Z}{(X+Y+Z)} \end{array} \right\} \tag{6.17}$$

式中：x,y,z 为 CIE-xyz 坐标系中的色品坐标。

因影响卫星传感器色偏因素较多,彩色校正模型相对复杂,研究表明(王雪晶等,2002),对 RGB 三个波段,采用一阶矩阵校正可取得较为理想的结果。因此通过建立标准观察者与相机响应之间的关系即可完成色彩的标定和校正。由于相机的增益、积分级数、积分时间设置均有多挡,因此不能简单地采样相机图像输出灰度值与标准观察者刺激值建立关系,所以本方案将多光谱谱段色彩合成后最终的真彩色 R,G,B 分量值和各谱段的输入辐射亮度 L 建立关系,关系方程为

$$\begin{pmatrix} R \\ G \\ B \end{pmatrix} = \begin{pmatrix} a_1 & a_2 & a_3 \\ b_1 & b_2 & b_3 \\ c_1 & c_2 & c_3 \end{pmatrix} \cdot \begin{pmatrix} L_{B1} \\ L_{B2} \\ L_{B3} \end{pmatrix} \tag{6.18}$$

式中：3×3 的系数矩阵——待求矩阵,共 9 个未知数；

$\quad\quad L_{B1},L_{B2},L_{B3}$——标准色板某色块区域在光源当前光强度下相机 $B_1 \sim B_3$ 谱段接收到的等效辐亮度(单位为 $W \cdot m^{-2} \cdot sr^{-1} \cdot \mu m^{-1}$)；

$\quad\quad R,G,B$——各谱段色彩合成后最终的 R,G,B 分量值(R,G,B 分量单位均为 DN)。

6.2 传感器校正

6.2.1 单帧卫星视频严密几何成像模型

严密几何成像模型用以建立影像点坐标与其地面坐标的一一对应关系，是几何定位误差分析的依据和高精度几何检校的基础。

光学成像中，依据透视中心、像点、地面点三点共线原理构建了经典的共线方程，如式(6.19)：

$$\left.\begin{aligned} x-x_0 &= -f\frac{a_1(X-X_S)+b_1(Y-Y_S)+c_1(Z-Z_S)}{a_3(X-X_S)+b_3(Y-Y_S)+c_3(Z-Z_S)} \\ y-y_0 &= -f\frac{a_2(X-X_S)+b_2(Y-Y_S)+c_2(Z-Z_S)}{a_3(X-X_S)+b_3(Y-Y_S)+c_3(Z-Z_S)} \end{aligned}\right\} \tag{6.19}$$

变形得到

$$\begin{pmatrix} X-X_S \\ Y-Y_S \\ Z-Z_S \end{pmatrix} = m \begin{pmatrix} a_1 & a_2 & a_3 \\ b_1 & b_2 & b_3 \\ c_1 & c_2 & c_3 \end{pmatrix} \begin{pmatrix} x-x_0 \\ y-y_0 \\ -f \end{pmatrix} \tag{6.20}$$

由摄影测量相关坐标系定义可知，式(6.20)实质建立的是像空间坐标系与像空间辅助坐标系的转换关系。

根据国产卫星的坐标系定义及模型辅助数据，依据共线方程，同样可以建立星载光学像面坐标与地面坐标的一一对应关系，即严密成像几何模型。下面介绍建立严格几何成像模型时用到的坐标系统及其之间的相互转换关系。

1. 相关坐标系定义

1) 影像坐标系

如图 6.2 所示，影像坐标系以影像左上角为原点，列方向为 y 轴，行方向

为 x 轴。

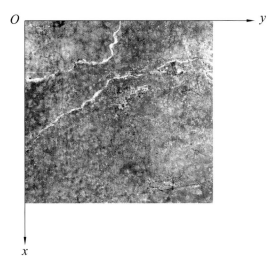

图 6.2　影像坐标系示意图

2）传感器坐标系

传感器坐标系的原点在面阵投影中心，X 轴为飞行方向，Y 轴平行于扫描线，Z 轴按照右手规则确定。传感器坐标系又称为相机坐标系。

3）本体坐标系

本体坐标系的原点在卫星质心，X 轴、Y 轴、Z 轴分别取卫星的三个主惯量轴。X 轴沿着纵轴指向卫星飞行方向，Y 轴沿着卫星横轴，Z 轴按照右手规则确定。卫星姿态测量在本体坐标系中进行，描述其空间姿态的三个参数是俯仰角（pitch，φ）、滚动角（roll，ω）和偏航角（yaw，κ）——俯仰为绕本体坐标系 Y 轴的旋转，滚动为绕本体坐标系 X 轴的旋转，航偏为绕本体坐标系 Z 轴的旋转（图 6.3）。

4）轨道坐标系

卫星轨道坐标系 $O\text{-}XYZ$ 的原点为卫星质心，以卫星轨道平面为坐标平

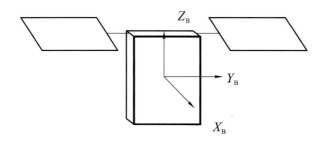

图 6.3　本体坐标系示意图

面，Z_O 轴由地心指向质心，X_O 轴在轨道平面内与 Z_O 轴垂直并指向卫星速度方向，Y_O 轴与 X_O、Z_O 轴右手正交且平行于轨道平面的法线。此坐标系在空间中是不断变化的，如图 6.4 所示。

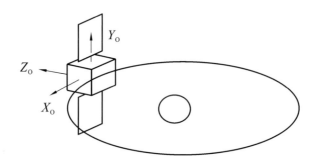

图 6.4　轨道坐标系示意图

5）地球固定地面参考系

地球固定地面参考系（conventional terrestrial system，CTS）用于描述观测站的位置和卫星观测结果。CTS 坐标系的原点亦在地球质心，Z 轴指向地球北极，X 轴指向格林尼治平子午线与地球赤道的交点，Y 轴按照右手规则确定。一般对于遥感卫星影像的处理都选择 WGS-84 参考框架，因为对于大多数的遥感卫星的轨道数据都是由 GPS 测量经过处理得到的，而 GPS 的初始观测数据的参考框架就是 WGS-84。

6) 空间固定惯性参考系

空间固定惯性参考系(conventional inertial system, CIS),常用来描述卫星的运动,一般卫星星历的计算都是在该坐标系下完成的。CIS 坐标系的原点为地球质心,Z 轴指向天球北极,X 轴指向春分点,Y 轴按照右手规则确定。由于地球绕太阳运动,春分点和北极点都是变化的。因此,国际组织规定以某个时刻的春分点、北极点为基准,建立协议空间固定惯性系统,在大多数卫星数据的处理过程中,都会选择 J2000 惯性参考系,它是以 2000 年 1 月 1.5 日 TDB 的标准历元的平赤道和平春分点定义的:原点在地球质心,Z 轴指向 J2000 平天极,X 指向 J2000 平春分点,Y 轴与 X,Z 轴构成右手坐标系。

部分国产卫星影像的几何处理模型并不涉及该坐标系,而是直接建立了影像坐标与地球固定地面参考系对应关系。

2. 坐标系间转换关系

由于不同卫星辅助数据内容、形式不同,因此涉及的坐标转换也有所差异。本处仅作为例子列举几种典型坐标转换关系。

1) 传感器坐标系与本体坐标系

传感器坐标系与本体坐标系的转换关系由相机载荷在本体坐标系下的安装关系确定。通常,卫星发射前会对相机在本坐标体系下的安装角进行实验室标定,精确测量获取安装矩阵 $\boldsymbol{R}_{\text{camera2body}}$,由此决定了传感器坐标系与本体坐标系的转换关系为

$$\begin{pmatrix} X \\ Y \\ Z \end{pmatrix}_{\text{body}} = \boldsymbol{R}_{\text{camera2body}} \begin{pmatrix} x - x_0 \\ y - y_0 \\ -f \end{pmatrix} \tag{6.21}$$

式中:$(x - x_0 \quad y - y_0 \quad -f)^{\text{T}}$——传感器坐标;

(x_0, y_0)——主点坐标；

f——主距；

$(X \quad Y \quad Z)_{\text{body}}^{\text{T}}$——对应的本体坐标。

2）本体坐标系与轨道坐标系

本体坐标系与轨道坐标系的转换关系体现了卫星成像姿态，由姿态测量结果确定。假定卫星测量的三轴欧拉角为 φ, ω, κ，则

$$\boldsymbol{R}_{\text{body2orbit}} = R_1(-\omega) R_2(\varphi) R_3(\kappa)$$

（1-2-3 转序，不同卫星转序略有差异）。

3）轨道坐标系与地球固定参考系

轨道坐标系与地球固定参考系（如 WGS84）的转换由轨道系三轴（XYZ）在地球固定系下的矢量确定。假定

$$\boldsymbol{P}(t) = (X_s \quad Y_s \quad Z_s)^{\text{T}}, \quad \boldsymbol{V}(t) = (Xv_s \quad Yv_s \quad Zv_s)^{\text{T}}$$

分别为卫星质心在地球固定参考系下的位置、速度矢量，则

$$\boldsymbol{R}_{\text{orbit2CTS}} = \begin{pmatrix} (X_2)_X & (Y_2)_X & (Z_2)_X \\ (X_2)_Y & (Y_2)_Y & (Z_2)_Y \\ (X_2)_Z & (Y_2)_Z & (Z_2)_Z \end{pmatrix}$$

其中

$$\boldsymbol{Z}_2 = \frac{\boldsymbol{P}(t)}{\|\boldsymbol{P}(t)\|}, \quad \boldsymbol{X}_2 = \frac{\boldsymbol{V}(t)\boldsymbol{\Lambda}\boldsymbol{Z}_2}{\|\boldsymbol{V}(t)\boldsymbol{\Lambda}\boldsymbol{Z}_2\|}, \quad \boldsymbol{Y}_2 = \boldsymbol{Z}_2\boldsymbol{\Lambda}\boldsymbol{X}_2$$

$$\boldsymbol{P}(t) = (X_s \quad Y_s \quad Z_s)^{\text{T}}, \quad \boldsymbol{V}(t) = (Xv_s \quad Yv_s \quad Zv_s)^{\text{T}}$$

3. 星载光学严密几何成像模型

根据各坐标系间转换关系，直接构建影像坐标系与地球固定地面参考系（取 WGS84 坐标系）间的转换关系作为严密几何成像模型。

考虑到 GPS 测量的是 GPS 相位中心的位置矢量，而并非本体中心位置矢量；同时，传感器坐标系原点通常与本体坐标系原点也并不重合。现假定

GPS 相位中心、传感器坐标系原点在本体坐标系下的三个偏移矢量分别为 $(D_x \quad D_y \quad D_z)^T$、$(d_x \quad d_y \quad d_y)^T$，则星载光学严密几何成像模型为

$$
\begin{pmatrix} X \\ Y \\ Z \end{pmatrix}_{WGS84} = \begin{pmatrix} X_S \\ Y_S \\ Z_S \end{pmatrix}_{WGS84} + m\boldsymbol{R}_{orbit2WGS84}\boldsymbol{R}_{body2orbit} \left\{ \begin{pmatrix} D_x \\ D_y \\ D_z \end{pmatrix} + \begin{pmatrix} d_x \\ d_y \\ d_z \end{pmatrix} + \boldsymbol{R}_{camera2body} \begin{pmatrix} x-x_0 \\ y-y_0 \\ -f \end{pmatrix} \right\}
$$

(6.22)

式中：m 为比例系数。

由于式(6.22)中存在 $(X \quad Y \quad Z)_{WGS84}^T$ 及 m 4 个未知数，无法建立影像坐标与地面坐标的一一对应关系，故需在此基础上引入地球椭球方程。

$$
\frac{X^2 + Y^2}{A^2} + \frac{Z^2}{B^2} = 1
$$

(6.23)

式中：$A = a + h$，$B = b + h$。其中，h 为地面点高程，a、b 分别表示地球椭球的长短半轴。对于 WGS84 椭球，有 $a = 6\,378\,137.0\ m$，$b = 6\,356\,752.3\ m$。

6.2.2　虚拟面阵严密几何成像模型

完成在轨几何检校后，可以得到无畸变的几何定位模型；而镜头畸变在影像中的影响并未被消除，影像中存在的复杂变形，会降低其后续配准等应用效果。

假定存在一台虚拟相机，其平台与真实卫星在相同的轨道位置及姿态同步拍摄相同区域，该相机不受镜头畸变影响且为理想面阵，视其获取的影像为无畸变影像。如图 6.5 所示，红色面阵为虚拟面阵，蓝色面阵为真实面阵（经过高精度内方位元素检校获取）。其中，虚拟面阵依据真实面阵拟合获得，其采样均匀，不存在内部畸变。因此，由虚拟面阵成像的影像也不存在内部畸变。建立虚拟面阵内方位元素后，其几何定位模型与 6.3.1 节所述原理

一致。

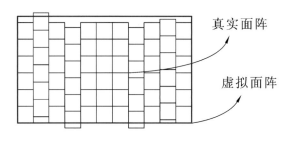

图 6.5　虚拟面阵示意图

6.2.3　RPC 模型

RPC 模型是直接采用数学函数将地面点大地坐标 $D(D_{lat}, D_{lon}, D_{hei})$ 与其对应的像点坐标 $d(l, s)$ 用比值多项式关联起来的一种广义的遥感卫星传感器成像几何模型。和多项式、直接线性变换等函数一样，RPC 模型可以用于替代卫星严密成像几何模型，应用于遥感影像的摄影测量处理。对于一幅遥感影像，定义比值多项式

$$\left. \begin{array}{l} Y = \dfrac{N_L(P, L, H)}{D_L(P, L, H)} \\[3mm] X = \dfrac{N_s(P, L, H)}{D_s(P, L, H)} \end{array} \right\} \tag{6.24}$$

式中

$$\begin{aligned} N_L(P, L, H) = & a_1 + a_2 L + a_3 P + a_4 H + a_5 LP + a_6 LH + a_7 PH + a_8 L^2 \\ & + a_9 P^2 + a_{10} H^2 + a_{11} PLH + a_{12} L^3 + a_{13} LP^2 + a_{14} LH^2 \\ & + a_{15} L^2 P + a_{16} P^3 + a_{17} PH^2 + a_{18} L^2 H + a_{19} P^2 H + a_{20} H^3 \\ D_L(P, L, H) = & b_1 + b_2 L + b_3 P + b_4 H + b_5 LP + b_6 LH + b_7 PH + b_8 L^2 \\ & + b_9 P^2 + b_{10} H^2 + b_{11} PLH + b_{12} L^3 + b_{13} LP^2 + b_{14} LH^2 \\ & + b_{15} L^2 P + b_{16} P^3 + b_{17} PH^2 + b_{18} L^2 H + b_{19} P^2 H + b_{20} H^3 \end{aligned}$$

$$N_s(P,L,H)=c_1+c_2L+c_3P+c_4H+c_5LP+c_6LH+c_7PH+c_8L^2+c_9P^2$$
$$+c_{10}H^2+c_{11}PLH+c_{12}L^3+c_{13}LP^2+c_{14}LH^2+c_{15}L^2P$$
$$+c_{16}P^3+c_{17}PH^2+c_{18}L^2H+c_{19}P^2H+c_{20}H^3$$

$$D_s(P,L,H)=d_1+d_2L+d_3P+d_4H+d_5LP+d_6LH+d_7PH+d_8L^2$$
$$+d_9P^2+d_{10}H^2+d_{11}PLH+d_{12}L^3+d_{13}LP^2+d_{14}LH^2$$
$$+d_{15}L^2P+d_{16}P^3+d_{17}PH^2+d_{18}L^2H+d_{19}P^2H+d_{20}H^3$$

式中：$a_i,b_i,c_i,d_i(i=1,2,\cdots,20)$——RPC 模型系数。

在计算过程中，如果数据数量级差别过大，可能引入舍入误差，为增强参数求解的稳定性，需要将地面坐标和影像坐标标准化为$-1\sim1$。(P,L,H)为标准化的地面坐标，(X,Y)为标准化的影像坐标，其标准化公式如下：

$$\left.\begin{array}{l}P=\dfrac{D_{\text{lat}}-D_{\text{lat\_off}}}{D_{\text{lat\_scale}}}\\[2mm]L=\dfrac{D_{\text{lon}}-D_{\text{lon\_off}}}{D_{\text{lon\_scale}}}\\[2mm]H=\dfrac{D_{\text{hei}}-D_{\text{hei\_off}}}{D_{\text{hei\_scale}}}\end{array}\right\}\qquad(6.25)$$

$$\left.\begin{array}{l}X=\dfrac{s-s_{\text{off}}}{s_{\text{scale}}}\\[2mm]Y=\dfrac{l-l_{\text{off}}}{l_{\text{scale}}}\end{array}\right\}\qquad(6.26)$$

式中：$D_{\text{lat\_off}},D_{\text{lat\_scale}},D_{\text{lon\_off}},D_{\text{lon\_scale}},D_{\text{hei\_off}}$和 $D_{\text{hei\_scale}}$——地面坐标的标准化参数；

$s_{\text{off}},s_{\text{scale}},l_{\text{off}}$和 l_{scale}——影像像素坐标的标准化参数，其中 b_1 和 d_1 通常为 1。

根据分母表现形式的不同，RPC 模型可以分为 9 种不同的形式，如表 6.1 所示。

表 6.1 RPC 模型形式

形式	分　母	阶数	待求解 RPC 模型参数个数	需要的最小控制点数目
1	$D_s(P,L,H) \neq D_L(P,L,H)$	1	14	7
2	（分母不相同）	2	38	19
3		3	78	39
4	$D_s(P,L,H) = D_L(P,L,H)! \equiv 1$	1	11	6
5	（分母相同但不恒为1）	2	29	15
6		3	59	30
7	$D_s(P,L,H) = D_L(P,L,H) \equiv 1$	1	8	4
8	（分母相同且恒为1）	2	20	10
9		3	40	20

表 6.1 给出了在 9 种情况下待求解 RPC 模型参数的形式和需要的最少控制点。当 RPC 模型分母相同且恒为 1（$D_s(P,L,H) = D_L(P,L,H) \equiv 1$）时，RPC 模型退化为一般的三维多项式模型；当 RPC 模型分母相同但不恒为 1（$D_s(P,L,H) = D_L(P,L,H)! \equiv 1$），且在一阶多项式的情况下，RPC 模型退化为直接线性变换（direct linear transformation, DLT）模型。因此 RPC 模型是一种广义的成像几何模型。研究表明，在 RPC 模型中，光学投影系统产生的误差用有理多项式中的一次项来表示，地球曲率、大气折射和镜头畸变等产生的误差能很好地用有理多项式中二次项来模型化，其他一些未知的具有高阶分量的误差如相机震动等，用有理多项式中的三次项来表示。

在最小二乘法解求 RPC 参数的时候，首先要将 RPC 模型的一般形式公式（6.24）变形为

$$\left. \begin{array}{l} F_X = N_s(P,L,H) - X \times D_s(P,L,H) = 0 \\ F_Y = N_L(P,L,H) - Y \times D_L(P,L,H) = 0 \end{array} \right\} \tag{6.27}$$

则得线性化误差方程为

$$V = Bx - l, \qquad W \tag{6.28}$$

式中:W 为权矩阵。

$$B = \begin{pmatrix} \dfrac{\partial F_X}{\partial a_i} & \dfrac{\partial F_X}{\partial b_j} & \dfrac{\partial F_X}{\partial c_i} & \dfrac{\partial F_X}{\partial d_j} \\[3mm] \dfrac{\partial F_Y}{\partial a_i} & \dfrac{\partial F_Y}{\partial b_j} & \dfrac{\partial F_Y}{\partial c_i} & \dfrac{\partial F_Y}{\partial d_j} \end{pmatrix} \qquad (i = 1,20; \; j = 2,20)$$

$$l = \begin{pmatrix} -F_X^0 \\[2mm] -F_Y^0 \end{pmatrix}$$

$$x = \begin{pmatrix} a_i & b_j & c_i & d_j \end{pmatrix}^{\mathrm{T}}$$

根据最小二乘平差原理,可以求解

$$x = (B^{\mathrm{T}}B)^{-1} B^{\mathrm{T}} l \tag{6.29}$$

经过变形的 RPC 模型形式,平差的误差方程为线性模型,因此在求解 RPC 参数过程中不需要初值。但当 RPC 模型采用二阶或二阶以上的形式时,解算其模型参数时,会存在模型过度参数化问题,RPC 模型中分母的变化非常剧烈,导致设计矩阵($B^{\mathrm{T}}B$)的状态变差,设计矩阵变为奇异矩阵,最小二乘平差不能收敛。采用谱修正迭代法进行求解,具体公式表述如下。

设有($B^{\mathrm{T}}B$)$x = B^{\mathrm{T}}l$,将上面式子两边同时加上 x,得到

$$(B^{\mathrm{T}}B + E)x = B^{\mathrm{T}}l + x \tag{6.30}$$

式中:E 为 t 阶单位矩阵。由于式子两边都含有未知参数 x,所以只能采用迭代的方法求解,其迭代公式为

$$x^{(k)} = (B^{\mathrm{T}}B + E)^{-1}(B^{\mathrm{T}}l + x^{(k-1)}) \tag{6.31}$$

6.3 视 频 稳 像

卫星视频稳像是视频应用的前期,是指消除地面目标对应的各帧像素点间像面位置不一致的现象。经典视频稳像过程主要是由图像预处理(刘祥磊等,2015)、运动估计和运动补偿三部分组成(吉淑娇等,2013)。其中运动估

计就是通过块匹配法、特征点匹配法（Kiran et al.,2014；Kim et al.,2011）、灰度投影法、位平面匹配法提取帧间的同名点,利用平移模型、仿射模型、相似模型或投影变换模型估计帧间的由于载体运动引起的帧间变形。运动补偿主要是利用运动估计步骤计算的变换模型将当前帧校正以使视频显示在稳定的位置上,常见的运动补偿算法主要有固定帧补偿法、逐帧补偿算法和运动滤波补偿法。但是,经典视频稳像方法的帧间的投影变换模型、仿射变换模型等配准模型仅利用帧间像素点的同名点关系,没有顾及卫星视频帧间的因为几何畸变引起的同名点位置差异,王霞等（2016）提出了一种顾及像面畸变的卫星视频稳像技术,可同时处理帧间外方位元素差异引起的变形和由帧内几何畸变引起的同名点在像面不同位置引起的变形,仿真卫星视频数据测试表明,该稳像方法的精度优于0.25个像素,该方法应用于吉林一号视频,稳像精度优于0.2个像素,满足流畅视频要求,可直接应用于三维重建、运动目标检测跟踪和超分重建等应用。

随着视频卫星应用的不断深入,顾及几何畸变和帧间辐射差异的卫星类视频稳像方法成为卫星视频稳像的热点和趋势。原因在于,卫星相机固有的几何畸变会造成同一目标在不同帧影像上位置变化;同时,凝视成像过程中不同拍摄角度获取同一区域影像时,帧间辐射差异会引起同一目标在不同帧影像上辐射亮度不同,对后续应用造成不利影响。因此,在卫星视频稳像过程中除要消除同一空间目标在不同帧之间的几何位置差异外,还可能依据双向反射率模型抑制帧间辐射差异的影响。

6.3.1　卫星视频单帧定向模型

由于严密几何模型改正的复杂性和稳定性不高,在 IKONOS-2 上天后,卫星影像的几何处理基本采用 RPC 模型,由于 RPC 参数一般采用与地形无关方式求解,RPC 模型参数都存在系统误差,针对单帧影像,一般采用像方改正模型补偿此类误差,补偿模型如式（6.32）所示。

$$\left.\begin{array}{l} x + a_0 + a_1 x + a_2 y = \text{RPC}_x(\text{lat}, \text{lon}, h) \\ y + b_0 + b_1 x + b_2 y = \text{RPC}_y(\text{lat}, \text{lon}, h) \end{array}\right\} \tag{6.32}$$

式中：lat，lon，h——地面点经纬度高程；

　　x，y——像点坐标。

在窄视场条件下，a_0、b_0 用来吸收轨道中沿轨误差、垂轨误差、径向误差以及姿态中滚动误差、俯仰误差引起的平移误差；a_1、b_1、a_2、b_2 用来吸收轨道中径向误差引起的缩放误差以及姿态中偏航误差引起的旋转误差。

6.3.2　基于固定帧的帧间运动估计模型

针对 Skysat 的面阵"凝视"视频，由于每帧影像的覆盖范围基本一致，可采用固定帧补偿法进行运动补偿，因此需要直接估计基于固定帧的帧间运动模型，该方案易于并行，且不存在积累误差。

针对面阵"凝视"视频，固定帧一般选择视频时间段内中间帧（主帧），其余所有帧（辅帧）都和主帧影像进行运动估计，然后辅帧都采样到主帧，该过程同时完成了相邻帧之间的运动估计，实现卫星视频稳像。为了获得采样后的辅帧的 RPC 模型参数，主帧 RPC 模型参数系统误差不补偿，仅采用像面仿射模型补偿辅帧的 RPC 模型参数。依据辅帧的仿射变换参数，重算采样后辅帧的 RPC 模型参数，获得稳像后每帧的 RPC 参数。基于固定帧的帧间运动估计模型如式（6.33）所示。

$$\left.\begin{array}{l} x_n = \text{RPC}_{x,n}(\text{lat}, \text{lon}, h) \\ y_n = \text{RPC}_{y,n}(\text{lat}, \text{lon}, h) \\ x_{n+i} + a_0^{n+i} + a_1^{n+i} x_{n+i} + a_2^{n+i} y_{n+i} = \text{RPC}_{x,n+i}(\text{lat}, \text{lon}, h) \\ y_{n+i} + b_0^{n+i} + b_1^{n+i} x_{n+i} + b_2^{n+i} y_{n+i} = \text{RPC}_{y,n+i}(\text{lat}, \text{lon}, h) \end{array}\right\} \tag{6.33}$$

式中：n——主帧；

　　$n+i$（$i \neq 0$）——辅帧。

该运动估计模型实际上把主帧姿态轨道误差引起的平移误差、比例误差和旋转误差,直接叠加到辅帧的像面仿射变换系数中。

在该运动模型估计中,部分辅帧和主帧之间的交会角比较小(如小于10°),利用式(6.33)采用立体平差方案,先求解地面点坐标,然后进行定向,该运动模型估计可能不收敛,因此可首先进行主帧和辅帧配准同名点,然后采用主帧的 RPC 模型投影到 SRTM-DEM 高程面求解地面点坐标,最后辅帧的配准点作为像点坐标,求解辅帧的像面仿射参数,完成主帧和辅帧运动模型估计。

6.3.3 基于固定帧的卫星视频运动补偿

利用帧间运动估计后的辅帧的 RPC 模型参数和主帧的 RPC 模型参数,直接可实现卫星视频辅帧和主帧的像点的点点对应,简化主帧和辅帧正反算公式如下,可表达两个影像像面对应坐标关系:

$$(x,y)\xrightarrow{\text{主帧 RPC 正算}}(X,Y,Z)\xrightarrow{\text{辅帧 RPC 反算}}(x_1,y_1)$$

在该坐标关系中,辅帧和主帧的 RPC 模型参数中包含了影像的几何畸变$(\Delta x,\Delta y)$,主帧和辅帧运动估计中考虑了主帧和辅帧外方位元素误差引起的帧间变形,因此该模型可精确描述帧间的同名点关系。

利用主帧的 RPC 模型对像点坐标(x,y)正算到相应的 SRTM-DEM 高程面,可以得到对应的物方坐标(X,Y,Z);利用基于辅帧的补偿后的 RPC 模型参数对物方坐标(X,Y,Z)进行模型反算可以得到辅帧上像点坐标(x_1,y_1),然后采用一定的重采样算法,获得(x_1,y_1)处在辅帧的亮度值,完成基于固定帧的卫星视频运动补偿。

6.4 动目标检测与跟踪

针对点状和面状刚体动目标,经典的动目标检测的方法主要有帧差法、背景减法和光流法,其中背景减法的精度和效果较好,是人们研究和应用的主要方法之一(Sobral and Vacavant,2014)。经典的背景减法有混合高斯模型法、随机邻域法、贝叶斯模型法和像素自适应分割法(刘天良等,2015;陈星明等,2014;Heras et al.,2014;Olivier and Vanroogenbroeck,2011)等。这些方法的主要思想是利用数理统计的方法建立一个背景模型,进而通过模型比对分割前景和背景像素,同时根据分割结果更新背景模型。目标跟踪方法主要分为以下几类:区域匹配法、光流法、核相关法、shift 法和时空关联法(Henriques et al.,2015;Xu et al.,2014;Luca et al.,2013;Leichter,2012;Zdenek et al.,2012)等。这些方法的本质都是利用目标的特征、纹理、颜色、形状和运动等信息,并结合统计、预测、训练和分类等方法从下一帧中寻找与待跟踪目标相似性最大的区域。经典的检测和跟踪算法在地面视频的研究和应用中取得了非常好的效果,但是针对卫星视频点状动目标多,面状刚体动目标无纹理等特征,经典针对地面视频的动目标检测和跟踪算法面临挑战。针对吉林一号视频卫星,利用 2015 年底拍摄的墨西哥杜兰戈区域的卫星视频数据,实现了卫星视频的运动目标检测和跟踪,验证了经典算法在卫星视频中的表现,并在经典算法随机邻域和区域匹配法的基础上,结合光流法的运动矢量辅助,同时考虑卫星视频的特点加以精化处理,取得了较好的效果。在提高运动目标检测率和跟踪精度的基础上,进一步控制移动背景边缘和残留噪声的干扰产生的误检测,提高低对比度、高动态背景和高噪声情况下的处理效果,是今后卫星视频应用处理研究的重点。

针对面状非刚体动目标的检测和跟踪,是卫星视频特有的问题,尚处在起步阶段。

6.4.1　动目标检测

在一段视频序列中,可以认为每个像素的灰度信息在概率统计上是独立分布、互不影响的,其像素值是一种时序性的随机变化(Olivier and Vanroogenbroeck,2011)。考虑到卫星视频背景的高动态性,背景像素在一段时间内是多峰分布的,利用多模态的高斯模型来描述每个像素的变化规律,通过样本值的概率密度统计来进行背景建模。每个像素点可由多个不同权值的高斯分布叠加表示,每一个分布代表一种可能出现的灰度,同时随着时间进行参数和权值的更新以适应背景的动态性。假设一个像素位置前 N 帧的灰度样本为

$$X_t = \{X_1\ X_2 \cdots X_N\} \quad (t=1,2\cdots N)$$

t 为帧序号,则 X_t 服从混合高斯分布的概率密度函数:

$$\left. \begin{aligned} p(x_t) &= \sum_{i=1}^{k} w_{i,t} \times \frac{1}{|\tau_{i,t}|} e^{-\frac{1}{2}(x_t-\mu_{i,t})^T \tau_{i,t}^{-1}(x_t-\mu_{i,t})} \\ \tau_{i,t} &= \sigma_{i,t}^2 I \end{aligned} \right\} \quad (6.34)$$

式中:k—— 高斯分布的个数;

t—— 时刻;

i—— 高斯模型索引号;

$\mu_{i,t}$—— 均值;

$\tau_{i,t}$—— 协方差矩阵;

$\sigma_{i,t}^2$—— 方差;

$w_{i,t}$—— 对应高斯分布的权值,每个高斯分布按照其权值由大到小排列。背景模型的建立与更新实质上就是确定均值、方差和权值的过程。

首先,利用前 N 帧对背景模型初始化:

$$\left. \begin{aligned} \mu_0 &= \frac{1}{N}\sum_{t=1}^{N} I_t \\ \sigma_0^2 &= \frac{1}{N}\sum_{t=1}^{N}(I_t-\mu_0)^2 \end{aligned} \right\} \quad (6.35)$$

当新获取一帧时,判断每个像素是否符合背景模型,与模型中 k 个高斯分布分别进行匹配检查,如果满足式(6.36),则该像素与第 i 个高斯分布匹配。如果至少匹配 1 个分布,则认为该像素符合为背景像素,否则为前景像素。

$$|X_t-\mu_{i,t-1}| < 2.5\sigma_{i,t-1} \quad (6.36)$$

然后,对背景进行更新。对权值的更新见式(6.37),δ 根据该分布是否匹配取 1 或 0。

$$w_{i,t} = (1-\alpha)w_{i,t-1} + \alpha\delta \quad (6.37)$$

并且,对匹配的分布更新其均值和方差,见式(6.38),α 一般取较小的值。

$$\left.\begin{aligned}
\mu_{i,t} &= (1-\beta)\mu_{i,t-1} + \beta x_t \\
\sigma_{i,t}^2 &= (1-\beta)\sigma_{i,t-1}^2 + \beta(x_t - \mu_{i,t})^{\mathrm{T}}(x_t - \mu_{i,t}) \\
\beta &= \alpha\eta(x_t \mid \mu_{t,k}, \sigma_{t,k})
\end{aligned}\right\} \tag{6.38}$$

最后对权值进行归一化处理

$$w_{i,t}^* = \frac{w_{i,t}}{\displaystyle\sum_{i=1}^{k} w_{i,t}} \tag{6.39}$$

注意,若检测为前景像素时,需要用一个新的分布替换掉权值最低的分布,均值设为像素灰度、同时设定较大的方差和较小的权值。

6.4.2　动目标跟踪

光流(Heras et al.,2014)是空间运动物体在观测成像平面上的像素运动的"瞬时速度",表达了图像的变化,因为它包含了目标运动的信息,可被观察者用来确定目标的运动情况。研究光流场的目的就是为了从图片序列中近似得到不能直接得到的运动场。运动场,是运动场在二维图像平面上的投影。

通过一个视频序列,将每张图像中每个像素的运动速度和运动方向找出来就是光流场。光流法基本思想是(Baker et al.,2007):第 t 帧的时候 A 点的位置是(x,y),那么在第 $t+1$ 帧的时候再找到 A 点,假如它的位置是$(x+u,y+u)$,那么就可以确定 A 点的运动为(u,v),如图 6.6 所示。

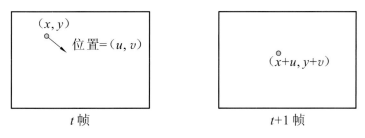

图 6.6　光流示意图

利用像素的微小移动和亮度恒定的约束条件,光流法的基本约束方程为

$$I(x,y,t) = I(x+\mathrm{d}x, y+\mathrm{d}y, t+\mathrm{d}t) \tag{6.40}$$

式中:左右分别代表 t 和 $t+\mathrm{d}t$ 时刻同一像素点的灰度值。对式(6.40)进行一阶泰勒公式展开得

$$I(x+\mathrm{d}x, y+\mathrm{d}y, t+\mathrm{d}t) = I(x,y,t) + \frac{\partial I}{\partial x}\mathrm{d}x + \frac{\partial I}{\partial y}\mathrm{d}y + \frac{\partial I}{\partial t}\mathrm{d}t \tag{6.41}$$

所以,$I_x\mathrm{d}x + I_y\mathrm{d}y + I_t\mathrm{d}t = 0$,令 $u = \dfrac{\mathrm{d}x}{\mathrm{d}t}$,$v = \dfrac{\mathrm{d}y}{\mathrm{d}t}$,得

$$(I_x \; I_y)\begin{pmatrix} u \\ v \end{pmatrix} = -I_t \tag{6.42}$$

在 (u,v) 的小区域邻域内都满足式(6.42),可通过最小二乘求解光流矢量 (u,v)。进一步推导为

$$\begin{pmatrix} I_{x1} \; I_{y1} \\ I_{x2} \; I_{y2} \\ \cdots \\ I_{xn} \; I_{yn} \end{pmatrix}\begin{pmatrix} u \\ v \end{pmatrix} = -\begin{pmatrix} I_{t1} \\ I_{t2} \\ \vdots \\ I_{tn} \end{pmatrix}$$

,即 $\boldsymbol{A}\tilde{u} = \boldsymbol{B}$,因此问题可以转化为最小化 $\|\boldsymbol{A}\tilde{u} - \boldsymbol{B}\|^2$。整理可得

$$\tilde{u} = (A^{\mathrm{T}}A)^{-1}A^{\mathrm{T}}\boldsymbol{B}$$

$$\boldsymbol{A}^{\mathrm{T}}\boldsymbol{A} = \begin{pmatrix} \sum I_x^2 & \sum I_x I_y \\ \sum I_x I_y & \sum I_y^2 \end{pmatrix}$$

针对运动检测提取的目标,可以利用上述方法对目标中的每个像素进行光流计算,然后通过最小二乘像素集光流估计和优化目标的跟踪轨迹(Bouguet,2000),得出初始的目标位置,进而利用匈牙利算法和卡尔曼滤波预测,同时结合检测结果的核相关匹配(Zdenek et al.,2012)和时空上下文信息(Henriques et al.,2015)关联得到准确的目标位置。

6.5 超分辨率重建

超分辨率重建技术是通过融合同一场景的多帧低分辨率图像的互补信息进而生成高分辨率的图像或序列的过程(Park et al.,2003)。利用图像超分

辨重建技术能够通过融合多幅低分辨率图像的互补信息,增加图像中每个单位面积上的像素数目,提供更详尽的细节信息,提高遥感数据空间分辨率。Skybox 公司的 Skysat1,2 卫星数据传回地面后,通过超分辨率重建技术来提高这些卫星数据的空间分辨率,使得最终的产品达到亚米级水平(Murthy et al.,2014)。

超分辨率重建中序列影像间的运动估计和超分辨率重建算法是两个关键问题。运动估计基于不同的分类原则可分为全局配准和局部配准、刚体配准和非刚体配准、空域方法和频域方法等。也可将现有的亚像素图像配准算法主要分为三类:插值法、扩展的相位相关法和解最优化问题法(黎俊等,2008)。目前,可将超分辨率重建方法主要分为两大类,频率域方法和空间域方法。由于频域方法的观测模型仅局限于全局平移运动模型和线性位移不变模糊,使用范围有限,因此目前研究方法基本集中在空域。空域法主要包括非均匀插值法(non-uniform interpolation,NUI)、迭代反投影法(iterative back-projection approach,IBP)、自适应滤波法(adaptive filtering approach,AFA)、凸集投影法(projection onto convex sets,POCS)、最大似然法(maximum likelihood,ML)、最大后验估计法(maximum a posterior,MAP)、正则化方法、SA 算法(Shift and Add)、基于学习和基于马尔可夫随机场(Markov random field,MRF)(Li et al.,2014;Nasrollahi,Moeslund,2014;Deyun et al.,2013;Goto et al.,2012;苏衡等,2011;袁小华等,2006;Elad and Hel-Or,2001)等。

针对吉林一号视频卫星,利用 2015 年 10 月对墨西哥杜兰戈成像的视频数据,实现了吉林一号视频星的超分辨率重建,提高了吉林一号视频图像的空间分辨率。

目前卫星视频场景中存在特有的静态背景和复杂动态目标共存现象,经典的超分辨率重建方法容易出现运动目标"拖尾"等问题。因此解决视频卫星场景中复杂运动场景的超分辨率重建将成为今后的主要方向。

6.5.1　图像降质模型

对于任何成像装置而言,无论是在理论上还是在实际成像过程中都存在一定的局限性,而这些通常会导致最终获取的图像达不到静态设计时的分辨率水平。假定一个连续的动态场景在某个摄像时刻 t,由于拍摄场景和相机之间的相对运动在相机镜头中发生了扭曲形变,同时在大气湍流 $H_{atm}(x,y)$ 和相机镜头连续点扩散函数 $H_{cam}(x,y)$ 的作用下变得模糊,最后在经由 CCD 传感器将原始的连续场景离散化过程中由于量化噪声等原因,进一步退化了实际的图像信号,最终形成了含有噪声的观测图像,图 6.7 呈现了图像降质的一般过程。虽然非线性和空间变化的系统模型更加符合实际的成像过程,但是其数学建模过程复杂难解,甚至出现无解的现象。因此,在绝大部分的相关研究中都是用线性移不变(linear shift invariant,LSI)系统来代替线性空间变化(linear space variant,LSV)系统。在 LSI 系统中,降质过程的数学表达式如式(4.1)所示,其中降质模糊函数的估计是图像复原的重要问题。

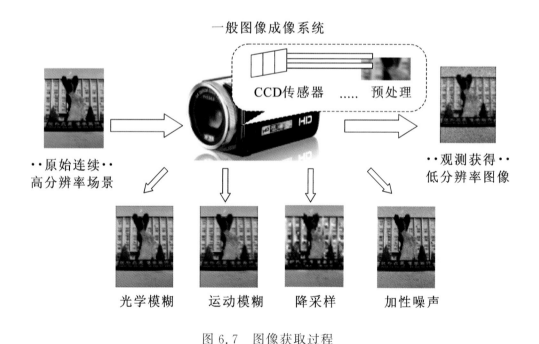

图 6.7 图像获取过程

6.5.2　降质模糊函数估计

图像在成像过程中受到多种类型的模糊退化影响,这是图像降质的一个主要因素。当模糊对图像的质量影响较为明显时,需要在图像超分重建后进行去模糊的复原处理。模糊函数通常用点扩散函数(point spread function,PSF)来表示,PSF 的估计比较复杂,常用的模糊函数类型(Capel,2004)如下:

(1)线性运动模糊。这种类型的模糊通常是由拍摄目标和成像系统之间的相对运动造成的。对于含明显运动目标的超分辨率重建问题而言,运动模糊比其他类型的模糊影响更大。

(2)高斯模糊。高斯模糊类型普遍存在于成像系统中。在光学成像系统中,决定系统点扩散函数的因素多种多样,而这些因素综合起来的降质效果一般情况下与高斯型近似,因此,经常将多种模糊因素的综合影响结果用高斯模糊表示。

(3)散焦模糊。散焦模糊主要是指像距、焦距和物距没有满足高斯成像公式时产生的光学系统散焦现象。在这种情况下,点光源通过成像系统后呈现为一个均匀分布的圆形光斑而不再是一个点,因此,观测的图像产生模糊。

6.5.3　亚像素级全局运动估计方法

卫星视频内容丰富,可能同时含有静止物体(如农田)和运动物体(如车辆)。考虑到一帧影像内静止物体占主要内容,采用全局运动估计方法估计运动矩阵。对于视频序列影像超分辨率重建而言,其亚像素位移的估计精度决定了帧间非冗余信息融合程度的好坏。目前,亚像素运动方法众多,金字塔 LK 光流法较经典(Bruhn et al.,2005)。该算法是基于光流场的运动估计算法。若将空间运动物体在观测成像面上像素运动的瞬时速度称为光流,则影像灰度模式的表观运动就是光流场。LK 光流成立的前提需要满足三个假设条件:

（1）亮度恒定。即为图像场景中目标的像素在帧间运动时外观上保持不变，对于灰度图像需要假设像素被逐帧跟踪时其灰度值不发生变化。

（2）时间连续性，也可以称为帧间小运动。即图像的运动随时间的变化比较缓慢，在实际应用中指的是时间变化相对图像中的运动要足够小。

（3）空间一致性。即指一个场景中同一表面上邻近的点具有相似的运动，在图像平面上的投影也在邻近区域。

假设在 t 时刻像素点 (x,y) 处的灰度值为 $f(x,y,t)$，经过 dt 时间的运动，原图像点 (x,y) 在下一帧的 $(x+dt,y+dt)$ 处，其对应的灰度值为 $f(x+dt,y+dt,t+dt)$，因为视频相邻两帧间隔时间 dt 很小，利用假设条件（1）亮度恒定则有

$$f(x,y,t)=f(x+dx,y+dy,t+dt) \tag{6.43}$$

再根据时间连续性和空间一致性，可推导出光流约束方程

$$f_x \boldsymbol{V}_x+f_y \boldsymbol{V}_y+f_t=0 \tag{6.44}$$

式中：f_x,f_y,f_t——图像某一像素点在 x,y,t 方向的梯度；

$\boldsymbol{V}_x,\boldsymbol{V}_y$——$x,y$ 方向的移动速度。

由于一个像素不能求解整个运动，可以利用假设条件（3），在图像小范围内选择一个小窗口（例如 3×3），根据局部区域像素运动的一致性原则，则可以建立邻域像素的系统方程来求解中心像素的运动，结合光流方程定义亮度估计误差 $\varepsilon=f_x \boldsymbol{V}_x+f_y \boldsymbol{V}_y+f_t$，结合 $n\times n$ 个像素点，可以得到下面的 $n\times n$ 个方程：

$$\begin{pmatrix} f_{x1} & f_{y1} \\ f_{x2} & f_{y2} \\ \vdots & \vdots \\ f_{xn} & f_{yn} \end{pmatrix}\begin{pmatrix} \boldsymbol{V}_x \\ \boldsymbol{V}_y \end{pmatrix}+\begin{pmatrix} f_{t1} \\ f_{t2} \\ \vdots \\ f_{tn} \end{pmatrix}=\begin{pmatrix} \varepsilon_1 \\ \varepsilon_2 \\ \vdots \\ \varepsilon_n \end{pmatrix} \tag{6.45}$$

利用最小二乘原理得

$$\omega=\sum \varepsilon^2=\sum (f_x \boldsymbol{V}_x+f_y \boldsymbol{V}_y+f_t)^2 \tag{6.46}$$

对上式求导得 ω 的极小值

$$\begin{pmatrix} \sum f_x f_x & \sum f_x f_y \\ \sum f_y f_x & \sum f_y f_y \end{pmatrix}\begin{pmatrix} \boldsymbol{V}_x \\ \boldsymbol{V}_y \end{pmatrix} = -\begin{pmatrix} \sum f_x f_t \\ \sum f_y f_t \end{pmatrix} \tag{6.47}$$

令 $\boldsymbol{N} = \begin{pmatrix} \sum f_x f_x & \sum f_x f_y \\ \sum f_y f_x & \sum f_y f_y \end{pmatrix}, \boldsymbol{b} = -\begin{pmatrix} \sum f_x f_t \\ \sum f_y f_t \end{pmatrix}$，当 $\boldsymbol{N}$ 为满秩矩阵时，可以得出

点 (x,y) 处的光流

$$\begin{pmatrix} \boldsymbol{V}_x \\ \boldsymbol{V}_y \end{pmatrix} = M^{-1}b \tag{6.48}$$

上述 LK 算法中只使用了一阶泰勒级数，可见仅能在小范围内使用。所以，为了在较大范围使用光流方法就要通过迭代方法来提高 LK 算法的准确性。假设迭代次数是 n，第 $k-1$ 次迭代的光流值为 $\boldsymbol{V}^{k-1} = [\boldsymbol{V}_x^{k-1}, \boldsymbol{V}_y^{k-1}]^{\mathrm{T}}$，则根据 $\boldsymbol{V}^{k-1}$ 得到的新的像素值为

$$f_k(x,y) = f_{k-1}(x + \boldsymbol{V}_x^{k-1}, y + \boldsymbol{V}_y^{k-1}) \tag{6.49}$$

若设第 n 次迭代光流估计误差为 $\boldsymbol{\eta}^n = [\boldsymbol{\eta}_x^n, \boldsymbol{\eta}_y^n]$，利用最小二乘原则计算实现所选窗口内第 n 次迭代光流估计误差的和 $\varepsilon^n(\boldsymbol{\eta}^n) = \varepsilon^n(\boldsymbol{\eta}_x^n, \boldsymbol{\eta}_y^n)$ 最小，根据公式 (6.49) 可得

$$\boldsymbol{\eta}^n = \boldsymbol{M}^{-1}b_n \tag{6.50}$$

式中

$$b_n = \sum\sum \begin{bmatrix} \delta f_n(x,y) f_x(x,y) \\ \delta f_n(x,y) f_y(x,y) \end{bmatrix}$$

其中，$\delta f_n(x,y) = f(x,y) - f_n(x,y)$。每次都要更新 δf_n，每当计算出 $\boldsymbol{\eta}^n$，新的像素位置估计值就可以重新由公式 $\boldsymbol{V}^n = \boldsymbol{V}^{n-1} + \boldsymbol{\eta}^n$ 计算得出。迭代循环直到 $\boldsymbol{\eta}^n$ 足够小或是达到最大的循环次数终止。

为了获得亚像素级的精度，小的积分窗口是必不可少的。同时为了算法的鲁棒性，消除小的积分窗口带来的孔径问题，这时希望积分窗口大一点。图像金字塔可以解决这个矛盾，即最初在较大的空间尺度上进行跟踪，再通过对图像金字塔向下直到图像像素的处理来修正初始运动速度的假定（潘宗序等，2014）。金字塔光流实际就是在传统的光流的基础上加入了分层计算

的思想,使得算法既能满足局部运动估计的准确性,又能更好地适应图像帧与帧之间的大运动。

结合经典 LK 光流和迭代光流的方法,先从这两幅图像的金字塔结构中分辨率最低的顶层即图 6.8 中的第 L 层开始计算,假设在这一层上两幅图像之间的偏移量初始值为 $P=0$,然后利用这个初始值根据光流场亚像素迭代计算方法,求得当前第 L 层两帧之间的光流偏移量 P_L,接下来,对所得到的第 L 层的光流偏移量 P_L 进行上采样,把上采样结果传递到下一个当前层即第 $L-1$ 层,作为第 $L-1$ 层的光流初始值,同样利用该初始值经由光流场的迭代计算得到两帧对应第 $L-1$ 层之间的光流偏移量。然后,重复上述步骤直到分辨率最大层即金字塔的最底层为止。如图 6.8 是金字塔 LK 光流的示意图。

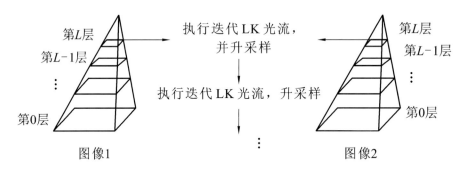

图 6.8　金字塔 LK 光流的示意图

6.5.4　超分辨率重建算法

1. 非均匀插值法

非均匀插值(Gilman and Bailey,2006)是超分辨重建空域方法中最直观的一种方法,若 y_i 代表第 n 帧低分辨率图像,X 代表生成的高分辨率图像,图 6.9 给出了非均匀插值方法的三个处理阶段:

（1）运动参数估计,获取低分辨率图像序列间亚像素位移信息;

（2）非均匀插值生成分辨率增强图像;

（3）依据降质模型进行去模糊生成高分辨率图像。

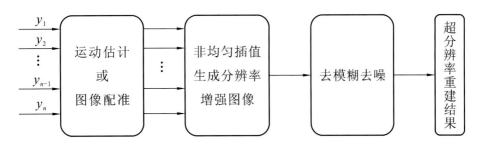

图 6.9　非均匀插值方法的三个处理阶段

　　第二阶段的详细过程如图 6.10 所示:依据获取的低分辨率图像间亚像素位移量,能够得到非均匀采样的分辨率增强图像,再采用直接插值或者迭代插值的方法生成均匀采样的分辨率增强图像,作为下一个处理阶段的输入图像。

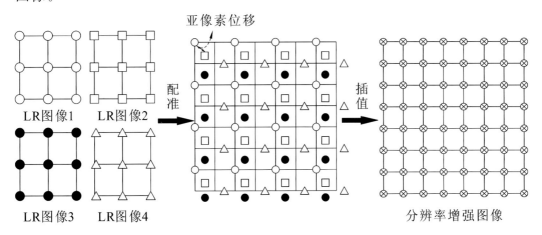

图 6.10　非均匀插值方法第二阶段处理流程

　　非均匀插值方法的优点是计算量相对较小使得超分辨重建实时处理成为可能,但是其降质模型有一定限制,它规定了所有低分辨率图像在成像过程中的降质因素全部相同;此外,非均匀插值方法忽略了插值过程中可能出现的误差,因此也无法保证整个重建算法的最优性。

2. 迭代反投影法

迭代反投影(Irani and Peleg,1991)方法的中心思想是通过反投影模拟降质过程所获得的低分辨率图像与实际观测到的低分辨率图像之间的"模拟误差"来更新高分辨率图像初步估计值。整个过程需要重复迭代使误差函数达到最小,最终生成高分辨率图像,图 6.11 说明了 IBP 算法的整个思路。

由当前HR图像生成模拟LR图像

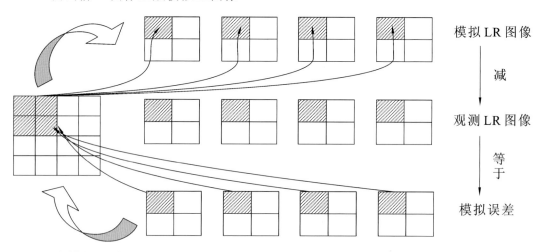

图 6.11　迭代反投影算法示意图

现假设 g_k 为低分辨率图像,z 为高分辨率图像,W_k 为包含平移变换和模糊函数在内的降质矩阵。那么,观测图像的降质模型

$$g_k = W_k z \tag{6.51}$$

IBP 算法的主要步骤如下:

(1)低分辨率图像配准以及模糊函数的确定,构建观测模型中降质矩阵 W_k 以及反投影矩阵 W_k^{BP}。

(2)求高分辨率图像初始值。利用单幅图像内插方法对第一帧低分辨率图像进行插值得到高分辨率图像估计值 $\hat{z}^n$(此时,$n=0$)。

(3)根据降质模型和当前高分辨率图像估计值 $\hat{z}^n$,计算各幅模拟的低分辨率图像：

$$\hat{\boldsymbol{g}}_k^n = \boldsymbol{W}_k \hat{\boldsymbol{z}}^n \tag{6.52}$$

（4）求模拟误差，利用反投影矩阵 $\boldsymbol{W}_k^{\mathrm{BP}}$ 将模拟误差投影到高分辨率图像上，以此来更新高分辨率图像：

$$\hat{\boldsymbol{z}}^{n+1} = \hat{\boldsymbol{z}}^n + \sum_k^K \boldsymbol{W}_k^{\mathrm{BP}} (\boldsymbol{g}_k - \hat{\boldsymbol{g}}_k^n) \tag{6.53}$$

（5）反复迭代执行步骤（3）和（4），直至满足某一收敛条件时终止迭代，此时的 $\hat{\boldsymbol{z}}^n$ 即为重建后的高分辨率图像。迭代反投影重建算法易于理解、实现过程简单。

3. SA 算法

根据一般图像降质模型，Elad 和 Hel-Or(2001)提出一种非迭代融合低分辨率图像间互补信息的方法，即 SA 算法。该方法假设：

（1）低分图像序列中每幅图像的模糊函数都相同并且是不变的；

（2）低分图像序列间的几何形变只包括平移；

（3）加性噪声为均值等于 0 的高斯白噪声。

通过最小二乘思想得到如下代价函数：

$$\hat{\underline{\boldsymbol{X}}} = \mathrm{ArgMin}\Big\{ \sum_{k=1}^N (\underline{\boldsymbol{Y}}_k - \boldsymbol{D}_k \boldsymbol{H}_k \boldsymbol{F}_k \underline{\boldsymbol{X}})^\mathrm{T} \boldsymbol{W}_k^{-1} (\underline{\boldsymbol{Y}}_k - \boldsymbol{D}_k \boldsymbol{H}_k \boldsymbol{F}_k \underline{\boldsymbol{X}}) \Big\} \tag{6.54}$$

式中："_"——矩阵的堆叠形式；

$\underline{\boldsymbol{Y}}_k$——代表第 k 帧低分辨率影像；

$\underline{\boldsymbol{X}}$——高分辨率影像；

$\boldsymbol{F}_k$——形变矩阵（平移、旋转等）；

$\boldsymbol{H}_k$——总体模糊矩阵；

$\boldsymbol{D}_k$——欠采样矩阵。

采用最速下降法来求解高分辨率图像 $\hat{\underline{\boldsymbol{X}}}$，其公式如下：

$$\hat{\underline{\boldsymbol{X}}}_{j+1} = \hat{\underline{\boldsymbol{X}}}_j + \mu(\underline{\boldsymbol{P}} - \boldsymbol{R}\,\hat{\underline{\boldsymbol{X}}}_j) \tag{6.55}$$

在求解上述迭代方程之前，首先将亚像素平移量四舍五入至整数，再定义没有经过去模糊处理的分辨率增强图像 $\hat{\underline{\boldsymbol{Z}}}_j = \boldsymbol{H}\,\hat{\underline{\boldsymbol{X}}}_j$，并将假设条件引入上

述迭代公式,经过数学推导证明,得到了含有模糊的"高分辨率图像":

$$\hat{\boldsymbol{Z}}_{j+1} = \hat{\boldsymbol{Z}}_j + \mu \boldsymbol{H}\boldsymbol{H}^{\mathrm{T}}(\tilde{\boldsymbol{P}} - \tilde{\boldsymbol{R}}\,\hat{\boldsymbol{Z}}_j) \qquad (6.56)$$

其中

$$\tilde{\boldsymbol{P}} = \sum_{k=1}^{N} \boldsymbol{F}_k^{\mathrm{T}}\boldsymbol{D}^{\mathrm{T}}\underline{\boldsymbol{Y}}_k, \quad \tilde{\boldsymbol{R}} = \sum_{k=1}^{N} \boldsymbol{F}_k^{\mathrm{T}}\boldsymbol{D}^{\mathrm{T}}\boldsymbol{D}\boldsymbol{F}_k$$

解得 $\hat{\boldsymbol{Z}}$ 值后再通过去模糊方法得到最终的高分辨率图像。由其数学公式的几何意义来看,这种方法就是将低分辨率图像在高分辨率网格上经整像素平移进行对齐,之后将高分辨率网格上每一像素位置上的多个灰度值加权平均。

SA 算法计算量低并且容易实现,但是在低分辨率图像帧数较少的情况下容易得到含有众多 0 值的解 $\hat{\boldsymbol{Z}}$,这是因为在重建过程中,在低分辨率图像序列中没有信息与其对应,也可以认为在 0 值位置没有 LR 图像对其做贡献,针对这种现象可以通过插值来解决。而且 SA 算法的实质没有考虑模糊降质因素的影响,因此,为了进一步提高图像质量,可以再进行图像复原处理。

6.5.5　图像复原算法

当认为图像和噪声是建立在随机过程的基础上时,如果 PSF 信息已知,按式(4.1)的图像降质过程,可以进行图像的去模糊处理,进一步的求解原始高分图像。常用的复原算法有维纳滤波(最小均方误差滤波)、约束最小二乘方滤波等(冈萨雷斯和伍兹,2011)。

维纳滤波方法是使得原始图像与复原图像之间的均方误差最小的复原方法。具体是寻求原始图像 $f(x,y)$ 的一个估计值 $\hat{f}(x,y)$,使得下式的值最小。

$$e^2 = E\{[f(x,y) - \hat{f}(x,y)]^2\} \qquad (6.57)$$

维纳滤波复原算法中,可以附加一些约束条件,使得复原过程能够在一定程度上克服病态特征。例如约束最小二乘方滤波,服从约束 $\|g - H\hat{f}\|^2 =$

$\|\eta\|^2$ 最小化的问题。这种问题的求解可以直接用 Lagrange 乘数法求解。即寻找 $\hat{f}(x,y)$，使得下述函数达到最小值。

$$J(\hat{f}) = \|Q\hat{f}\|^2 + \lambda(\|g - H\hat{f}\|^2 - \|\eta\|^2) \tag{6.58}$$

式中：Q 为 f 的线性算子。

6.5.6　超分辨率重建质量评价

图像超分辨率重建算法多样，各类算法的重建条件也不尽相同，因此目前还没有一个很好的客观评价指标来统一评价超分辨重建结果的质量。因为有时一些评价指标甚至会出现与主观视觉判断相反的情况，通常情况下采用主客观评价相结合的方式来评价超分辨率重建算法的有效性。

所谓主观评价，就是依据评价人员对超分辨率重建结果的主观感受，直接对超分辨率重建质量进行评价。这种方法虽然简单直观，具有能够直接准确地反映出人眼感受的优点，但是评价人员的相关经验、知识背景以及评价时的情绪等诸多因素都能够对最终的评价结果产生巨大影响。因此，需要客观评价指标来辅助超分辨率重建质量评价。

客观评价指标依据待评价影像对原始影像的依赖程度可分为三类：全参考评价、半参考评价和无参考评价。

（1）全参考评价是指原始影像完全已知，对待评价影像和原始影像之间的某种关系进行评价，如均方误差（mean square error，MSE）、均方根误差（root mean square error，RMSE）、峰值信噪比（peak signal to noise ratio，PSNR）；

（2）半参考评价是指不需要完整的原始图像，但需要已知参考影像的某些特征，根据这些特征来评价待评价影像和原始影像间的关系，如结构相似度（structure similiraty，SSIM）；

（3）无参考评价则不需要原始影像，直接对待评价影像的某种特性进行评价，如信息熵等。

6.6 三 维 重 建

6.6.1 立体影像定向技术

基于 RFM(rational function model) 模型的区域网平差可以按系统误差的物方补偿和像方补偿分为两种:物方方案和像方方案。物方方案的平差以单个立体模型为基本单元,把模型坐标作为观测值,采用独立模型法平差思想,计算出单个模型的改正参数(刘军等,2004)。由于模型坐标不是严格意义上的观测值,物方方案在理论上有所不足。像方方案则以单景影像作为平差单元,将像点坐标作为观测值,因此基于像方补偿方案同样可以构建光束法平差模型,理论上更为严密。

由于目前所得到的很多卫星遥感影像产品是不提供 RPC 参数的,因此需要通过严格模型拟合出每张影像的 RPC 参数。

具体操作流程如下:

(1) 通过严格成像模型建立虚拟控制格网;

(2) 由虚拟控制格网计算每张影像的 RPC 参数——即建立每张影像的 RFM 模型,这也是基于 RFM 模型的地形无关求解方案(Madani,1999)。

但是,因为 RFM 模型本身存在较大的系统误差,需要进行验后补偿。经大量研究表明,基于像方的补偿方案能够很好地消除系统误差(李德仁等,2006)。

RFM 模型的像方补偿可以表示为

$$
\left.
\begin{aligned}
R &= R_{scale} \cdot \frac{P_1(\varphi,\lambda,h)}{P_2(\varphi,\lambda,h)} + R_{off} \\
C &= C_{scale} \cdot \frac{P_3(\varphi,\lambda,h)}{P_4(\varphi,\lambda,h)} + C_{off}
\end{aligned}
\right\}
\tag{6.59}
$$

在式(6.59)基础上,将像方补偿的仿射项参数 (e_0,e_1,e_2) 和 (f_0,f_1,f_2) 作为未知数与地面点坐标未知数整体求解,得到基于 RFM 模型的光束法平差误差方程式

$$\begin{pmatrix} v_R \\ v_C \end{pmatrix} = \begin{pmatrix} \dfrac{\partial R}{\partial e_0} & \dfrac{\partial R}{\partial e_1} & \dfrac{\partial R}{\partial e_2} & 0 & 0 & 0 & \dfrac{\partial R}{\partial B} & \dfrac{\partial R}{\partial L} & \dfrac{\partial R}{\partial H} \\ 0 & 0 & 0 & \dfrac{\partial C}{\partial f_0} & \dfrac{\partial C}{\partial f_1} & \dfrac{\partial C}{\partial f_2} & \dfrac{\partial C}{\partial B} & \dfrac{\partial C}{\partial L} & \dfrac{\partial C}{\partial H} \end{pmatrix} \begin{pmatrix} \Delta e_0 \\ \Delta e_1 \\ \Delta e_2 \\ \Delta f_0 \\ \Delta f_1 \\ \Delta f_2 \\ \Delta B \\ \Delta L \\ \Delta H \end{pmatrix} - \begin{pmatrix} R - \hat{R} \\ C - \hat{C} \end{pmatrix}$$

$$(6.60)$$

式中：$\Delta B,\Delta L,\Delta H$ 为待定点的地面坐标增量。

实际解算步骤完全按照区域网平差的流程进行。

6.6.2　影像密集匹配技术

卫星视频多基线获取的立体影像密集匹配是制约三维实景影像数据处理实际应用的瓶颈问题。影像匹配问题受诸多因素的影响，但影像间的几何和辐射变形对其影响较为突出，此种影像变形多由不同的摄影方式引起。图6.12(a)，图 6.12(b)分别示意了摄影测量中常用的两种摄影方式，即正直摄影和倾斜摄影(计算机视觉界又分别称之为短基线(short baseline)摄影和宽基线(wide baseline)摄影)。

显然，对源于测量学前方交会原理的摄影测量技术而言，相比于正直摄影，倾斜交向摄影具有良好的几何构形条件和定位精度优势。然而，在此种摄影模式下，由于相机的较大平移或伴随着旋转，使得同一空间目标在立体像对上的尺度、方位及表面光亮度发生变化，从而给影像匹配带来了困难，极大地制约了倾斜摄影测量的三维重建实际应用。因此，如何针对视频卫星的倾斜摄影影像选择合理的算法进行匹配是视频卫星立体匹配的关键。

目前，在计算机视觉界和摄影测量界最为成熟和使用最多的密集匹配算

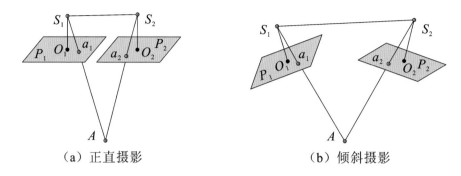

（a）正直摄影　　　　　　　（b）倾斜摄影

图 6.12　正直摄影和倾斜摄影示意图

P_1、P_2，左右影像构成的立体像对；两摄影站（或透镜中心）S_1、S_2之间的连线，摄影基线；

S_1O_1、S_2O_2，摄影主光轴；a_1、a_2，同名像点；A，其物方交会点

法是半全局匹配（semi-global matching，SGM）算法和基于面片的多视立体建模（patch-based multi-view stereo，PMVS）算法。PMVS 算法由 Yasutaka Furukawa 和 Jean Ponce 在 2007 年 *Accurate*，*Dense*，*and Robust Multi-View Stereopsis* 中首次提出。

（1）SGM 算法在核线影像上进行匹配，特点是速度快，但只能处理连续影像对；

（2）PMVS 算法可以同时处理多个具有重叠的影像，特点是速度慢，但是可以汇聚所有影像的信息并加入法向量约束等先验知识，可用于倾斜影像的处理。

因此，选择 SGM 算法粗匹配、然后进行 PMVS 算法精匹配的形式，尽可能发挥两者的优势，从精度和效率两方面提高视频数据的处理能力。

1）基于 SGM 的多级密集粗匹配

半全局匹配算法基于全局匹配能量函数简化得到。对于一种匹配可能，全局能量函数定义为

$$E(D) = \sum_p \left[C(p, D_p) + \sum_{q \in N_p} P_1 T(|D_p - D_q| = 1) + \sum_{q \in N_p} P_2 T(|D_p - D_q| > 1) \right]$$

$$(6.61)$$

式中：$C(p,D_P)$——对于像素 p，视差较为 D_p 时的不相似性代价；

$\sum\limits_{q \in N_p} P_1 T(|D_p - D_q| = 1)$ ——像素 p 取视差 D_p 与邻域内的点 q 取视差

D_p 时，视差较为 1 的惩罚性代价；

$\sum\limits_{q \in N_p} P_2 T(|D_p - D_q| > 1)$ ——像素 p 取视差 D_p 与邻域内的点 q 取视差

D_p 时，视差较大于 1 的惩罚性代价。

最优全局匹配的目标是最小化能量函数 $E(D)$。虽然最新的最小割优化方法能够获得全局最优解，但是计算代价很高。半全局算法把全局算法简化为多个方向代价函数的累积，通过 8 个或 16 个方向代价的和得到近似全局最优的匹配结果。

$$L_r(p,d) = C(p,d) + \min(L_r(p-r,d), L_r(p-r,d-1) + P_1$$

$$L_r(p-r,d+1) + P_1, \min_i L_r(p-r,i) + P_2) \qquad (6.62)$$

如图 6.13 右图所示，代价函数在 8 个方向进行累加。如式（6.62）所示，在每条累积路径上，本点当前视差的累积代价为本点代价和路径上前一个像素的累积代价及视差相关。做法是从前一个像素的视差和本点视差的视差较取为 0、1 或大于 1 三种情况中挑出最小者作为累积量。

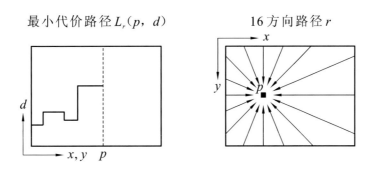

图 6.13　视差代价曲线和 16 方向路径代价示意图

（1）如果视差较为 0，则累积量为前一像素的代价；

（2）如果视差较为 1 则，则累积量为前一像素的代价加上惩罚因子 P_1；

（3）如果视差较大于 1 则，则累积量为前一像素所有视差代价的最小者加上惩罚因子 P_2。

对于每一像素，最后的代价为 8 个方向代价和。如图 6.13 左图所示，代价和最小的视差被认为当前像元的正确匹配视差。

SGM 算法的优化思路是根据影像的纹理和影像的信噪比，动态地修改匹配代价和视差代价。如根据像素灰度梯度的大小，调整惩罚因子 P_2，使陡坎、建筑物的边界不被平衡，同时抑制纹理缺乏区的视差波动。另一个思路是，考虑纹理缺乏区相似性测度的可靠性，如设定一个灰度阈值，认为一定灰度差内的像素是一致的。

SGM 算法是一个逐像素匹配的算法，对内存的需求很大。为了提高内存使用效率，提高匹配的速度，采用多级金字塔匹配的策略和分块匹配的策略，通过逐级匹配减少每一级匹配的搜索范围，提高匹配的速度和内存使用效率。

原始的 SGM 算法需要很大的空间来存储不同视差的代价。地形起伏或建筑物的高度越高，需要处理的视差越大，则所需的存储空间呈线性增长。对于 300 m 地形起伏，如果高程分辨率为 3 m（假设基高比为 1∶1），需要匹配的影像范围为 4 096×4 096 像素，则每个像素每条路径上要存储的数据为 4 096×4 096×100×2 B，8 个路径总共为 25 600 MB。1 024×1 024 像素的影像块也需要 1 600 MB 空间。加上其他内存需求，普通 4 GB 内存能够处理的影像最大只能为 1 024×1 024 像素左右。

如图 6.14 所示，多级处理策略将每一级匹配范围限制在一定的限度内，通过逐级传递，自适应确定每个像素的匹配视差范围。可在减少内存需求的同时，加快匹配的速度，并减少匹配的粗差。

分级匹配虽然能减小匹配的搜索范围，提高匹配块的大小，但仍然无法满足整个影像，比如高达吉林一号视频星 4 000×3 000 像素整个影像的匹配要求。因此必须进一步对每一级的匹配进行分块处理，并通过每块影像之间的影像重叠，消除周边像素匹配结果不可靠引起的缝隙。

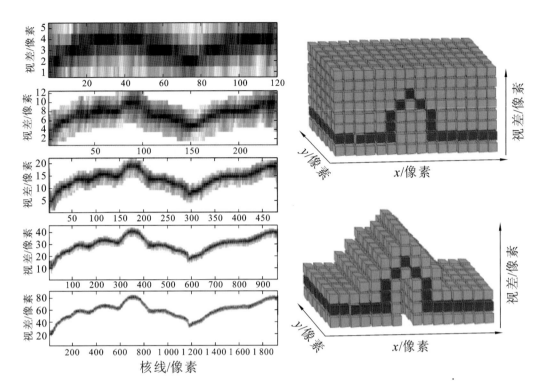

图 6.14　多级匹配示意图

2）PMVS 多视角影像精匹配

PMVS 是一个多视立体匹配的软件，由一组照片以及相机参数，重建出照片中物体或场景的三维结构。PMVS 只重建刚性结构，它会自动忽略非刚性结构，如建筑物前的行人。软件输出一组带方向的三维点，估计了每个点的三维坐标和法向量。

如图 6.15 和图 6.16 所示，patch 是近似于物体表面的局部正切平面，包括中心 $c(p)$、法向量 $n(p)$、参考影像 $R(p)$。patch 的一条边与参考相机（即拍摄参考影像的相机）的 x 轴平行。patch 上有 $\mu \times \mu$ 的格网（μ 一般为 5 或 7）。

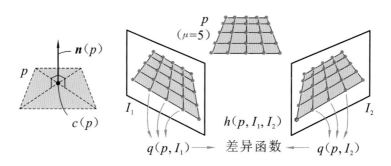

图 6.15　PMVS 中的匹配面元 patch

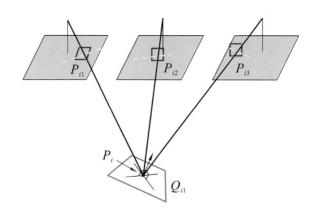

图 6.16　联系多视影像的物方匹配面元

　　PMVS 的匹配思路是先找到稳健的、能可靠匹配的特征点,然后再按照区域增长的思路进行匹配传播。具体过程如图 6.17 所示。

（1）特征点提取

　　在每张像片上画格网,采用 DOG 和 Harris 算子进行特征点提取。格网大小为 32×32 像素。在每个格网中选 $\eta = 4$ 个兴趣值为局部极大值的点(两种算子都各取 4 个特征点)。

（2）特征点匹配,生成种子点集合

　　每张像片轮流作为参考影像 $R(p)$,在其他像片中选出主光轴与 $R(p)$ 之

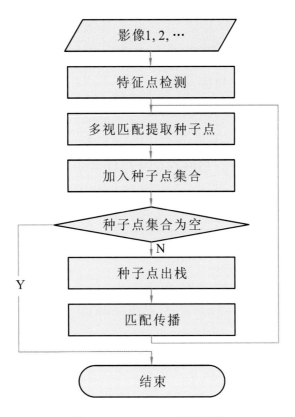

图 6.17　PMVS 匹配流程

间夹角小于 $60°$ 的像片 $\boldsymbol{I}(p)$，再将参考影像和这些相片进行匹配。

① 对于参考影像上的每个特征点 f，寻找它在其他照片上的候选匹配点 f'，f' 组成集合 F。要求 f' 与 f 是由同一种算子检测出（Harris 或 DOG）并且 f' 在离同名核线两个像素的范围之内。

② 由每一对 $(f，f')$ 前方交会求出模型点。计算每个模型点与参考相片摄像机中心的距离，按距离由近到远将模型点排序。

③ 由模型点轮流初始化 patch。如果一个模型点失败，就考虑下一个模型点。其中，patch 的中心 $c(p)$ 为模型点，单位法向量 $\boldsymbol{n}(p)$ 为由 patch 中心指向参考影像摄像机中心的单位向量。要求 patch 的法向量和 patch 所在光线的夹角要小于 $60°$，且 patch 投影到像片和参考相片之间的相关系数要大于阈值 0.4。

④ 优化 patch 的中心坐标和法向量。最大化平均相关系数（即最大化 patch 的参考像片与其他像片之间的相关系数的平均值）。优化过程中把 patch 的中心固定在 patch 参考影像的光线上，优化自由度为 3：patch 中心的 z 坐标，代表法向量的两个角度 α、β。

I. 如果优化后，相关系数大于阈值，则认为成功生成了 patch。在所有影像上打上大小为 2×2 像素的格网 cell $C_i(x, y)$。把 patch 投影到像片上，记录下 patch 所在的格网坐标（格网在像片坐标系中的坐标）。每个格网有两个存储 patch 的集合 $Q_i(x, y)$，$Q_i^*(x, y)$，分别存储投影到 $V(p)$，$V^*(p)$ 的 patch。同时从 cell 中去掉所有的特征点，接下来考虑下一个特征点 f。

II. 否则放弃该点，考虑下一个匹配点 f'。

（3）匹配传播

由种子 patch 向种子 patch 所在格网的邻域扩散，若这个邻域中已经存在一个与种子 patch 距离较近的 patch 或者这个邻域中已经存在一个平均相关系数较大的 patch，则不向该邻域扩散。

新 patch 的初始法向量和种子 patch 的法向量相同，新 patch 的中心是通过邻域格网中心的光线与种子 patch 所在平面的交点。

接下来的步骤与生成种子点相似，即优化 patch，若匹配的照片个数大于阈值，就认为是成功扩散了一个 patch，否则失败。

然后继续扩散下一个新 patch，直到无法再进行扩散，如图 6.18 所示。

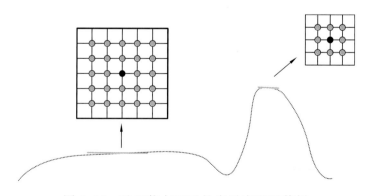

图 6.18　基于物方面元的自适应匹配传播

（4）匹配结果滤波

匹配结果滤波包括 4 种情况：

① 同一格网中 patch 的平均相关系数差异大；

② 过滤掉格网中与深度最小的 patch 距离大、法向量夹角大的 patch（深度：物点与摄像机中心之间的距离投影到主光轴方向上的长度）；

③ 将一个 patch 和它八邻域中的 neighbors patches 拟合二次曲面，neighbors patches 残差之和大于阈值就去掉这个 patch；

④ 去掉数量较小的 patch 组，首先根据 patch 在物方的相互距离，将 patch 聚类分组，去掉 patch 个数小于某个聚类阈值（如 20）的 patch 组。

参 考 文 献

陈星明,廖娟,李勃,等.2014.动态背景下基于改进视觉背景提取的前景检测.光学精密
　　工程,22(9):2545-2552.

冈萨雷斯,伍兹.2011.数字图像处理.三版.阮秋琦,译.北京:电子工业出版社.

吉淑娇,朱明,胡汉平.2013.基于特征点匹配的电子稳像技术.中国光学(6):841-849.

李德仁,张过,江万寿,等.2006.缺少控制点的SPOT-5 HRS影像RPC模型区域网平差.
　　武汉大学学报:信息科学版,31(5):377-380.

黎俊,彭启民,范植华.2008.亚像素级图像配准算法研究.中国图象图形学报,13(11):
　　2070-2075.

刘军,王冬红,毛国英.2004.基于RPC模型的IKONOS卫星遥感影像高精度立体定位.
　　测绘通报(9):1-3.

刘天良,郑海红,罗圣美,等.2015.改进的混合动静态背景的分割方法.西安交通大学学
　　报,49(2):25-30.

刘祥磊,童小华,马静.2015.视频测量影像序列椭圆形人工目标点快速识别和跟踪方法.
　　测绘学报,44(6):663-669.

潘宗序,禹晶,肖创柏,等.2014.基于多尺度非局部约束的单幅图像超分辨率算法.自动
　　化学报,40(10):2233-2244.

苏衡,周杰,张志浩.2011.超分辨率图像重建方法综述.自动化学报,39(8):1202-1213.

王霞,张过,沈欣,等.2016.顾及像面畸变的卫星视频稳像.测绘学报(2):194-198.

王雪晶,张健,魏仲慧,等.2002.基于遥感相机模型的遥感图像彩色校正.红外与毫米波
　　学报,21(6):443-446.

谢伟.2010.多帧影像超分辨率复原重建关键技术研究.武汉:武汉大学.

袁小华,欧阳晓丽,夏德深.2006.超分辨率图像恢复研究综述.地理与地理信息科学,22(3):
　　43-47.

张过.2005.缺少控制点的高分辨率卫星遥感影像几何纠正.武汉:武汉大学.

Baker S, Roth S, Scharstein D, et al. 2007. A database and evaluation methodology for
　　optical flow. In Proceedings of the IEEE International Conference on Computer
　　Vision:1-8.

Bouguet J Y. 2000. Pyramidal implementation of the Lucas Kanade feature tracker description of the algorithm. Intel Corporation Microprocessor Research Labs Tech Rep，22(2):363-381.

Bruhn，Andr，Weickert J，et al. 2005. Lucas/Kanade meets Horn/Schunck: combining local and global optic flow methods. International Journal of Computer Vision，61（3）:211-231.

Capel D D. 2004. Image mosaicing and super-resolution. Distinguished Dissertations,152(4):653-658.

Deyun C，Zhiqiang L，Ming G，et al. 2013. A super-resolution image reconstruction algorithm based on landweber in electrical capacitance tomography. Mathematical Problems in Engineering(1):2463-2464.

Duran J,Buades A. 2014. Self-similarity and spectral correlation adaptive algorithm for color demosaicking. IEEE Transactions on Image Process,23(9):4031-4040.

Elad M，Hel-Or Y. 2001. A fast super-resolution reconstruction algorithm for pure translational motion and common space-invariant blur. IEEE Transactions on Image Processing,10(8):1187-1193.

Fischler M A,Bolles R C. 1981. Random sample consensus: a paradigm for model fitting with applications to image analysis and automated cartography. Communication of the ACM,24(6):381-395.

Gilman A,Bailey D G. 2006. Near optimal non-uniform interpolation for image super-resolution from multiple images//Image and Vision Computing New Zealand,Great Barrier Island:IEEE,31-36.

Goto T，Kawamoto Y，Sakuta Y，et al. 2012. Learning-based super-resolution image reconstruction on multi-core processor. IEEE Transactions on Consumer Electronics,58(3):941-946.

Henriques J F,Caseiro R,Martins P,et al. 2015. High-speed tracking with kernelized correlation filters. IEEE Transactions on Pattern Analysis and Machine Intelligence,37(3):583-596.

Heras Evangelio R H,Patzold M,Keller I,et al. 2014. Adaptively splitted GMM with feedback improvement for the task of background subtraction. IEEE Transactions on Information Forensics and Security,9(5):863-874.

Irani M,Peleg S. 1991. Improving resolution by image registration. CVGIP:Graphical Models & Image Processing,53(3):231-239.

Kim T, Lee S, Paik J. 2011. Combined shape and feature-based video analysis and its application to non-rigid object tracking. IET Image Processing, 5(1): 87-100.

Kiran M, Michael S, Byron D S, et al. 2014. Skysat-1: very high-resolution imagery from a small satellite//Proc. SPIE 9241, Sensors, Systems, and Next-Generation Satellites XVIII, 92411E.

Leichter I. 2012. Mean shift trackers with cross-bin metrics. IEEE Transactions on Pattern Analysis & Machine Intelligence, 34(4): 695-706.

Leprince S, Barbots, Ayoub F, et al. 2007. Automatic and precise orthorectification, coregistration, and subpixel correlation of satellite images, application to ground deformation measurements. IEEE Transactions on Geoscience and Remote Sensing, 45(6): 1529-1558.

Li X, Du Y, Feng L. 2014. Super-resolution mapping of forests with bitemporal different spatial resolution images based on the spatial-temporal markov random field. IEEE Journal of Selected Topics in Applied Earth Observations & Remote Sensing, 7(1): 29-39.

Lowe D G. 2004. Distinctive image features from scale-invariant key points. International Journal of Computer Vision, 60(2): 91-110.

Luca Z, Alessio D B, Xavier L, et al. 2013. Joint estimation of segmentation and structure from motion. Computer Vision and Image Understanding, 117(2): 113-129.

Lukac R, Martin K, Plataniotis K N. 2004. Demosaicked image postprocessing using local color ratios. IEEE Transactions on Circuits and Systems for Video Technology, 14(6): 914-920.

Madani M. 1999. Real-time sensorindependent positioning by rational functions. Proceedings of ISPRS Workshop on Direct Versus Indirect Methods of Sensor Orientation, Barcelona, Spain, 25-26th November 1999. Barcelona, Spain: ISPRS: 64-75.

Murthy K, Shearn M, Smiley B D, et al. 2014. Skysat-1: very high-resolution imagery from a small satellite//SPIE Remote Sensing, International Society for Optics and Photonics: 92411E-92411E-12.

Nasrollahi K, Moeslund T B. 2014. Super-resolution: a comprehensive survey. Machine Vision & Applications, 25(6): 1423-1468.

Olivier B, Vanroogenbroeck M. 2011. ViBe: a universal background subtraction algorithm for video sequences. IEEE Transactions on Image Processing, 20 (6): 1709-1724.

Park S C, Park M K, Kang M G. 2003. Super-resolution image reconstruction: a technical overview. IEEE Transactions on Signal Processing Magazine, 20 (3): 21-36.

SkyBox. 2014. SkyBox Imaging Imagery & Video Product Guide V1. 1. 1, 2014, 5, 29.

Smiley B, Shearn M. 2015. Geometric and Radiometric Calibration Topics Relevant to Skybox Imaging. JACE.

Sobral A, Vacavant A. 2014. A comprehensive review of bac kground subtraction algorithms evaluated with synthetic and real videos. Computer Vision and Image Understanding(122):4-21.

Xu J, Lu Y, Liu J. 2014. Robust tracking via weighted spatio-temporal context learning. IEEE International Conference on Image Processing:413-416.

Zdenek K, Krystian M Z, Jiri M. 2012. Tracking learning detection. IEEE Transactions on Pattern Analysis & Machine Intelligence, 34(7):1409-1422.